一本书读懂
孩子心理

改变孩子的行为，先要了解他的心

伊 莎著

中国商业出版社

图书在版编目（CIP）数据

一本书读懂孩子心理 / 伊莎著. -- 北京 : 中国商业出版社，2013.7

ISBN 978-7-5044-8140-5

Ⅰ. ①一… Ⅱ. ①伊… Ⅲ. ①青少年心理学－通俗读物 Ⅳ. ①B844.2-49

中国版本图书馆CIP数据核字(2013)第123426号

责任编辑：张振学

中国商业出版社出版发行

010-63180647 www.c-cbook.com

（北京广安门内报国寺1号 邮编：100053）

新华书店总店北京发行所经销

北京毅峰迅捷印刷有限公司

*

710×1000毫米 16开 16印张 210千字

2013年8月第1版 2013年8月第1次印刷

定价：32.00元

* * *

（如有印装质量问题可更换）

前 言

Foreword

很多父母总是抱怨现在的孩子难教育，他们的行为总是让大人难以揣摩，有时天不怕地不怕的样子，有时特别怯懦，有时又骄横霸道，任性无理。或许，因为宠爱孩子，我们会把孩子这种善变的行为理解为他们未经世事，所以情绪表达会更直接、更强烈，但是大多数时候，他们的乖张行为并非予取予求。实际上，这些表面现象的背后都隐藏着复杂的心理因素。

在孩子的成长过程中，每一个阶段都会出现不同的问题，而每一个问题都与其心理、成长特点有关。然而，学会站在孩子心理成长的角度出发，关注孩子的内心世界，理解孩子行为背后的真正原因，那么，你的“教育”于孩子而言才会是一件幸事！

我们都应该明白这样一个道理：教育实际上就是一门“动心”的艺术，如果不能把工作做到孩子的心坎上，教育效果只会显得苍白无力。父母总以为孩子不懂事，所以很多时候索性不去和他们讲道理，实际上这种做法并不可取。其实，有心的父母会发现，当你的教育符合孩子的心理特征，孩子就能听父母的。因此，当你觉得孩子不听话或者调皮任性得不可理喻的时候，你不妨静下心来思索片刻：到底是什么原因引发了他们的这些行为？孩子的这些行为又反映了他们什么样的心理需求呢？

所以，当你不知道如何提高孩子智能的时候，当你不知道怎样看待孩子那些古怪行为的时候，当你不知道如何应对孩子青春期的时候，当你不知道如何应对孩子早恋的时候，当你……那么，你就应该看一看孩子的心理学，只有走进孩子的心里，你才能在应对孩子的问题时游刃有余，才能教育好你的孩子。

目录

Contents

第01辑

教子一定要懂的心理学常识

第02辑

最容易让父母忽视的孩子心理

第03辑

破解孩子言行背后的心理真相

第04辑

不良行为会隐藏成长正能量

第05辑

拿什么矫正孩子的不良心理

第06辑

父母一定要了解的幼儿敏感期

第07辑

开拓孩子潜力从孩子心理入手

第08辑

掌握孩子青春期的心理特点

第09辑

从心理学解析孩子的早恋

第10辑

不要误踩了孩子的心理雷区

第11辑

父母拿什么应对孩子的叛逆期

第12辑

好父母教育孩子不该有失误

第01辑

教子一定要懂的心理学常识

心理学不是“能看透别人”的科学

心理学一词来源于希腊文，意思是关于灵魂的科学。灵魂在希腊文中也有气体或呼吸的意思，因为古代人认为生命依赖于呼吸，呼吸停止，生命就完结了。随着科学的发展，心理学的对象由灵魂改为心灵。直到19世纪初叶，德国哲学家、教育学家赫尔巴特才首次提出心理学是一门科学。而原先，心理学、教育学都同属于哲学的范畴，后来才各自从哲学的范畴中分离出来。**科学的心理学不仅对心理现象进行了描述，更重要的是对心理现象进行说明，以揭示其发生发展的规律。**

有人说：“学心理学的人能看透别人的心理，知道他人心里想什么，好厉害！”这些说法把心理学神化了。其实，心理学就是一门研究人心理活动规律的科学。心理学家只是在尽可能地按照科学的方法，间接地观察、研究或思考人的心理过程（包括感觉、知觉、注意、记忆、思维、想象和言语等过程）是怎样的，人与人有什么不同，为什么会有这样和那样的不同，即人的人格或个性，包括需要与动机、能力、气质、性格和自我意识等，从而得出适用人类的、一般性的规律，继而运用这些规律，更好地服务于人类的生产和实践。

在逻辑层面上，心理现象包括感觉、知觉、表象、记忆、思维、想象、情感和意志等，到底哪一种心理现象的出现标志着心理的诞生？即心理产生的标志是什么？又是何种心理现象的产生宣告了心理的产生？

我们知道，有现象必有其本质，心里导致心理现象的产生。在所有心理现象中哪一种才是最先产生而又是最基本的心理现象，且能合理推出发展其他心理现象？显然是感觉。只有感觉才是产生的最早又能发展出其他的心理现象，所以感觉应该是心理诞生的标志。

这里可以从三个方面来说：

1.感觉是其他一切心理现象的基础，没有感觉就没有任何心理现象

感觉诞生了，其他心理现象才能在感觉的基础上发展起来；感觉是其他一切心理现象的源头和“胚芽”，其他心理现象是在感觉的基础上发展、壮大和成熟起来的；感觉是其他心理现象大厦的“地基”，其他心理现象都是建立在感觉的基础上。

2.个体心理学表明：刚出生的婴儿只有无条件反射和简单的感觉，而知觉和表象等都还没有发展起来，但却不能否认婴儿就没有心理

心理随着感觉的诞生而诞生，一旦有了感觉也就有了心理。而其他一切心理现象都是以感觉为“胚芽”发展起来，是胚芽成长的不同阶段。随着婴儿的发育，其心理也逐渐发展起来，心理现象将会愈来愈复杂。

3.动物进化史也表明了感觉是心理产生的标志和“胚芽”

感觉是在什么时候产生的呢？也就是说感觉是在动物进化史中的哪种动物身上开始出现的呢？最开始出现心理现象的动物是腔肠动物。具有网状神经系统的腔肠动物以简单的感觉对外界刺激作出反应，腔肠动物具有最简单最低级的心理现象，也就有了心理。以后随着动物的进化和发展，肛肠动物的心理也在逐渐发展、丰富，并逐渐出现了知觉、表象、想象和思维等。心理进化史是动物进化史的附着物，并随着动物的进化而进化的。心理也是从只具有感觉的动物随着生物的进化而发展起来的，心理在感觉的基础上随着生物的进化而纷繁复杂起来，出现了知觉、表象和想象等，直至出现了意识和思维等高级心理现象。

什么才是健康的心理状态

什么是心理健康？世界卫生组织给健康下的定义为：**“健康是一种身体上、精神上和社会适应上的完好状态，而不是没有疾病及虚弱现象。”**从世界卫生组织对健康的定义中可以看出，与我们传统的理解有明显区别的是：它包涵了三个基本要素：躯体健康、心理健康以及具有社会适应能力。具有社会适应能力是国际上公认的心理健康的首要标准，全面健康包括躯体健康和心理健康两大部分，两者密切相关，缺一不可。这就是健康概念的精髓。

我们再来细说一下心理健康的具体内容：

1. 积极有效的心理状态

能够对当前发展中的社会和自然环境做出良好的适应，不同层次的人所具有的反映也不一样。但是健康的心理一定要有好的智力条件。

2. 健康的人格

健康的人格就是要有好的自我意识，知道自己是属于什么样的状态，跟周围是什么样的关系，这样才能做出比较准确的判断和选择。

3. 社交的能力

如果不会处理人际关系，再聪明的人也不会成功。要有良好的社交能力，需要把握一些重要的原则。

（1）平等原则。不管贵贱高低，我们在人格上都是平等的，首先要尊重他人，别人才能尊重你。

（2）相容性原则。人跟人肯定不一样，只能求大同存小异。每个人生活的方式不一样、习惯不同，所以大家都要互相容忍一些，同学之间更是如此。

（3）互惠互利原则。根据英国心理学家的一项调查，平均有三个朋友的人比没有三个朋友的人要多活三到五年。朋友很重要，但要有好的朋友，朋友之间要互相关心，要互惠。

（4）守信原则。守信从心理过程来讲就是保持一致性，使我们对将要发生的事情能有一个预测，有了好的预测，才能有好的行为。

4.保持情绪的稳定性

人遇到高兴或者不高兴的事，都不能让情绪表现过激。生活或工作中有很多事情是我们不能接受的，要学会自我控制，该忍耐就要忍耐，吸取经验教训，进一步提高。

5.具有抗打击和康复的能力

有些人遇到打击就垮了，有些人却能够在刺激中承受忍耐。如果一个人一辈子从来不能经受任何打击，那他也一定会在某次打击中一蹶不振。

不少人认为生理健康和心理健康是两个没有关系的概念。实际上，这是不正确的。在现实生活中，心理健康和生理健康是互相联系、互相作用的，心理健康每时每刻都在影响人的生理健康。如果一个人性格孤僻，心理长期处于一种抑郁状态，就会影响内激素分泌，使人的抵抗力降低，疾病就会乘虚而入。一个原本身体健康的人，如果老是怀疑自己得了什么疾病，就会整天郁郁寡欢，最后真的会导致一病不起。

因此，在日常生活中一方面应该注意合理饮食和身体锻炼，另一方面更要陶冶自己的情操，开阔自己的心胸，避免长时间处在紧张的情绪状态中。如果感到自己的心情持续不快时，要及时进行心理自我调试，必要时到心理门诊或心理咨询中心接受帮助，以确保心理和生理的全面健康。

随着自然科学的飞速发展和信息时代的到来，我们所处的社会也在发生着前所未有的变化。工业化、现代化、社会化、一体化程度在不断提高；人们的生活节奏不断加快，时间越来越宝贵，人越来越为效益所趋使；自主的、创造性的劳动和高级的智力劳动越来越多；人们的活动范围在不断拓展，人与人的交往越来越多，处理微妙复杂的人际关系为每个人所不可避免；各种各样的竞争强度也越来越巨大，人与人之间的收入、社会地位等差异越来越显著。

在现实生活中，有许多所谓的正常人整天愁眉苦脸、心烦意乱、以安眠药度日，长期在苦闷绝望中挣扎、煎熬，甚至走向自杀的绝路；有许多人终日以酒为伴、沾酒就醉，打人骂人；有许多人与人敌对、冲突、诉讼、犯罪；有许多人常常感冒，患高血压、关节炎等非器质性疾病，甚至身患绝症、早亡；有许多人无能、失意、潦倒、贫穷；有许多学生学习不好；有许多人苦恼于性问题；有许多人不能和人正常的交往融洽相处，整日疑神疑鬼；许多家庭因成员的精神病而搞得苦恼万分；许多夫妻不和、争吵、打闹……

我们每一个人生下来都是有一个健康的心理，但由于我们在生命历程中所受到的心理伤害而改变、扭曲。生活中的所谓正常人，其实并不在人的最佳状态，只是处于最佳状态与疾病之间的亚健康状态，我们实际离自然赋予我们的能力有很大的差距。

生活在这样一个纷繁复杂和扑朔迷离的大环境里，就要求人必须具备较高的心理素质来适应时代与社会的要求。现在人们已经开始意识到了心理健康的重要性，越来越关注自己及与自己朝夕相处的人的心理健康状态。

请不要忽视人的心理不良状态

什么是心理不良状态？心理的不良状态，又称第三状态，是介于健康与疾病之间的状态，是正常人群中常见的一种亚健康状态。**心理不良状态是由于个人心理素质，如过于好胜、孤僻、敏感、学习压力大、竞选失**

败、被老师批评、长时间学习带来劳累、身体疾病等因素所引起。心理不良状态的特点是：

1. 时间短暂

这种状态持续时间较短，一般在一周以内能得到缓解。

2. 损害轻微

这种状态对社会影响比较小。处于此类状态的人一般都能完成日常工作学习和生活，只是感觉到的愉快感小于痛苦感，“很累”、“没劲”、“不高兴”、“应付”是他们常说的词汇。

3. 能自己调整

有这种状态的人大部分都能通过自我调整，如休息、聊天、运动、钓鱼、旅游、娱乐等放松方式，使自己的心理状态得到改善。小部分人若长时间得不到缓解可能形成一种相对固定的状态，因此这小部分人应该去寻求心理医生的帮助，以尽快得到调整。

孩子整日忙于学习、考试而没有属于自己的闲暇时间，就会经常感到头痛头晕、疲劳乏力、失眠健忘、情绪低落却找不到病因。那么，你就要注意：灰色健康正悄悄逼近孩子，孩子很可能已经或者快要走进亚健康的心理状态。

在这个竞争激烈的现代社会，孩子与外界的信息交流越来越直接、快捷。但心理的空间却越来越狭小，遭遇到诱惑和冲击的次数越来越频繁，比如为了得第一，为了上最好的学校等。如果说心理疾病离大多数孩子还很远的话，那么，灰色的心理状态却正悄悄逼近我们的孩子。如果我们把白色比作健康的心理状态，黑色比作不健康的心理状态。那么，介于黑白之间的灰色正是处于第三状态的亚健康心理状态。处于这种状态的孩子，是心理障碍的易感人群。由于长期紧张的精神压力（无论学习、生活）而使其处于焦虑、应激状态下，如果长期“消化不良”，就会积劳成疾，导致情绪低落和“心力衰竭”状态，诸如对任何事都不感兴趣、学习效率下降、敏感多疑、思维狭窄、忧心忡忡、焦虑抑郁，常伴随着说不出理由的焦虑不安感。

美国心理学家梅尔杰斯为“第三状态”的亚健康易感人群描绘的画像是：情绪低落、自卑、放任冲动、角色混乱的人。心理疲劳积累到一定程度，必定通过生理症状或异常行为表现出来，心理障碍最终引发身体疾病。

压力研究的奠基人塞尔叶在几千例尸体解剖的基础上得出结论：大多数人并非死于年老本身，而是死于由长期持续的压力反应而造成的器官损伤。有人调查了54名猝死的男子，其中41人死前精神抑郁已达数周，并表现出某种程度的精神紧张、抑郁沮丧、消极悲观、愁绪重重。

其实，灰色健康并不可怕，然而由于它不能显现出疾病状态，因此常常被人忽略。1997年8月19日，某广播电台著名节目主持人在家中自杀。此后，上海、广州的两位广播电台热线谈心节目的主持人也相继自杀。据心理学家估计，这些人在自杀前很可能已经是处于灰色地带的隐性病人。

事实上，这种危险正随着现代生活的加快在人群中日益普及，它不仅是那些在旁人看来家庭美满、事业有成的成功者的麻烦，甚至正值花季的孩子也会被“感染”，因此孩子的心理健康已成为一个引人注目的教育和社会问题。有一个五年级的男生一走进教室就觉得嗓子奇痒，吞咽困难，上课时也干咳不止，老师以为他在故意捣乱，且屡教不改。后被医生确诊为“神经性咽喉综合症”，而寻其原因竟是由于学习紧张、心理压力过大引起的。

亚健康心理并不是无药可救。因为真正使人脆弱的不是事件本身，而是人们对事件所做的反应。所谓“解铃还须系铃人”。也正如同心理学家特罗西•罗尔在谈到“心病牢狱”时所说，“正因为它是我们自己构筑的，我们就有能力用自己的双手打开枷锁，把自己解放出来。”如果平和安详地对待人生的各种际遇，那么，每个人都可以把自己从灰色的阴影中解放出来，获得幸福的一生。

什么才是真的患了心理疾病

所谓心理疾病，是指一个人由于精神上的紧张和外界环境的干扰，而使自己在思想、情感和行为上，都发生了偏离社会生活规范轨道的现象。**心理和行为上偏离社会生活规范程度越厉害，心理疾病也就愈严重。**心理疾病学术上大致可分为以下几类：感觉障碍、知觉障碍、注意障碍、记忆障碍、思维障碍、情感障碍、意志障碍、行为障碍、意识障碍、智力障碍、人格障碍等。

心理疾病出现通常都有以下这些原因：

1.超负荷的学习压力

很多孩子，尤其是中考、高考生都被高强度的学习压力所困，且长期处于高度紧张的状态下，无法得到及时的调理，久而久之便会产生焦虑不安、精神抑郁等症状。重则诱发心理障碍或精神疾病。

2.感情与家庭的变故

情感的失误无疑是很痛苦的情感体验，如家庭中有离异，变故等情况。受到感情创伤的一方会因对感情的难以割舍而痛苦不已，失落感会加重心理失衡的程度，从而让自己沉沦。

3.对网络的依赖心理

孩子沉迷于网络已经不是新鲜事儿了，他们每天把大量时间泡在网上，或上一些不健康的网站，极可能诱发心理疾病。如长期上网聊天、游戏、网恋，极可能使上网者因长期处于虚拟状态而影响其正常的认知、情感和心理定位，严重者甚至会发生人格分裂。

4.生活贫困加重心理压力

这一群体主要是下岗职工和高校的贫困生。某些高校贫困生在学校里，一方面由于经济状况的窘迫，一方面由于虚荣心的作怪，现实与虚幻相抵触，导致矛盾心理的形成，使得高校贫困生心理疾患概率增高。

5. 急功近利的心理倾向

有些人对考分的追求有急功近利的倾向，他们往往经不起失败的打击。由于他们对成功的期望很高，常常花费了很多时间在上面。可现实又往往不因人的主观意愿而改变，当然就容易出现失望、失落。也有些人因急于求成而拼命学习，不断给自己施压，总是苛求自己。结果常常因心有余而力不足导致失败，并诱发抑郁症、自闭症等心理障碍。

6. 学习任务过于繁重

学生天天面对着读不完的书和看不完的复习资料，面对着父母老师的殷切期盼，深感不堪重负。目前无论是小学生、中学生还是大学生，患有各种不同程度心理疾病者不在少数。考试压力所引发的心理症状主要有：反应迟钝、焦躁不安、学习恐惧、抑郁及厌学心理，所以要尽快调整好心态，积极面对人生。

7. 被过分的溺爱

被父母过分溺爱的孩子，除了养成任性、自私等不良习性之外，还常常表现为性格孤僻、耐挫力差、社交恐惧甚至有暴力倾向。在家有父母溺爱，等到真正走入社会了，各种弊病就出现了，这些弊病就像一种潜在危机、定时炸弹，引爆后的杀伤力是巨大的。

8. 难以适应社会发展

现代社会飞速发展、瞬息万变，有些人却因种种原因而难以适应。这种不适应包括很多方面：对社会的不公平现象看不惯，又因自己无力改变现状而郁闷、烦躁；对学校里的竞选或是同学看不惯；以为自己受到老师偏见而愤愤不平；因家庭的变化或是其他原因而产生失落感、无归属感；因个人技能与现代社会需求的差距而焦急、无奈等等。以上这些都可以导致人们出现“心病”。

心理疾病是由于个人及外界因素引起个体强烈的心理反应（思维、情感、动作行为、意志）并伴有明显的躯体不适感，是大脑功能失调的外在表现。其特点是：

1. 强烈的心理反应

可出现思维判断上的失误，思维敏捷性的下降，记忆力下降，头脑粘滞感、空白感，强烈自卑感及痛苦感，缺乏精力、情绪低落忧郁，紧张焦虑，行为失常（如重复动作，动作减少，退缩行为等），意志减退等。

2. 明显的躯体不适感

由于中枢控制系统功能失调可引起所控制人体各个系统功能失调：如影响消化系统则可出现食欲不振、腹部胀满、便秘或腹泻等症状；影响心血管系统则可出现心慌、胸闷、头晕等症状。

3. 损害大

此状态的患者不能或只能勉强完成其社会功能，缺乏轻松、愉快的体验，痛苦感极为强烈，“哪里都不舒服”、“活着不如死了好”是他们真实的内心体验。

4. 需心理医生的治疗

此状态的患者一般不能通过自身调整和非心理科专业医生的治疗而康复。心理医生对此类患者的治疗一般采用心理治疗和药物治疗相结合的综合治疗手段。在治疗早期通过情绪调节药物快速调整情绪，中后期结合心理治疗解除心理障碍并通过心理训练达到社会功能的恢复并提高其心理健康水平。

孩子有心理问题的根源在哪里

俗话说，家家都有本难念的经。而在这些难念的“经”中最普遍最能引起共鸣的可能就是子女和父母之间沟通的矛盾。“我要走进你的世界，你不让，我想让你走进我的世界，你又不来”，一位母亲发出的与孩子沟通的困惑，表达了母亲的难言与无奈。

据一项调查，发现46%的孩子经常与父母争执，39%感到父母甚少聆听他们的意见，37%表示从来不会向父母倾诉心声。据另外一项调查发现，目前62%的孩子平均每周与父母倾谈时间在1小时以下，平均每天不足10分钟。在“网瘾”、“厌学”和“与父母不沟通”这三大最突出的问题中，“与父母不沟通”就占了总数的82%。由此可见，缺乏沟通已经成为了孩子心理问题的根源。

一个学习成绩优异的男孩子在各方面都相当出色，可由于父母长时间的专制教育使他从来不愿和父母讲话，也没有任何沟通。在男孩子上高三时，突然有一天警察来到学校说是要抓一个贩毒集团的同伙，当警察将嫌疑犯的名字说出时，师生们都惊呆了，竟然是那名学校里学习成绩优异的男孩！包括校长在内所有的老师都不敢相信，他们不停地要求警察再确认一下看看是不是搞错了，但警察斩钉截铁地说不会错，已抓住的几名嫌疑犯都供出了男孩的名字。于是，班主任老师亲自将男孩请到校长室，仍然用信任的语气问他，是你做的吗？令所有人感到震惊的是男孩从容不迫地说：“就是我！”……

事后才知，男孩虽然成绩优异，但不仅参加贩毒集团，还结交许多不良少年，在外整天飚车、打架、惹事。然而，当警方问起他的父母时，对于此事他的父母却全然无知，他们只知道自己的儿子让自己很骄傲，每门学科成绩都是最好的，他们可以领着他到处炫耀……

这是来自一个男生的日记：

第一次试着把心事吐露给父母大概是在小学4年级。4年级，班里一位长相可爱的女生成为我心仪的对象。从那时，我陷入了小朋友有趣的“暗恋”之中。一天晚上，我怀着甜蜜的幻想，把这个小秘密告诉母亲，想让母亲为我指点迷津并与她分享我这种“暗恋”的乐趣……

结果那晚我哭得很惨，屁股又红又肿。挨打的理由是“小小孩脑子里想些什么乱七八糟的！”那是我人生中第一次向父母透露我的隐私，也是人生阶段中的最后一次。

生活中，部分家长的专制作法使他们永远没机会了解“小小孩”脑子中一些不知对错的想法。

可见，孩子的心理疾病不是天生的，它大都是家教失当的结果，其主要原因是在以下几个方面：

1. 父母忽视了

父母以为自己只要为孩子创造物质条件，不要让孩子为钱担心，吃得饱，穿得暖就可以了，其实这些都是父母的误区。孩子同样是人，同样会有自己的思考，会有自己的想法，在成长过程中也会需要父母对他情感上面的帮助，如：青春期的压抑、对异性的爱慕、人际关系的苦闷，遭受挫折的沮丧等等，这些都是成长必须付出的代价，也是成长过程中必定要碰到的。孩子们纯真快乐的外表下，很多烦恼他们不知道如何去排遣，长久下来会越积越多。所以他们需要的不单单是物质上面的给予，还需要父母从精神上面、情感上面给予理解和沟通。

2. 父母扼杀了

成长过程中，孩子脑子里奇奇怪怪的想法会有好多，有正确的也有错误的。而这些想法不借助父母的导引和纠正，凭一个孩子所掌握的知识和能力，很难正确的认识和理解。所以，孩子在看问题时很容易片面化和极端化，不明是非，善恶难辩也就于情于理不可避免。所以，父母们不要再埋怨孩子不与您沟通。其实回想一下，每个孩子在小时候都曾试着与您沟通过，只是在不经意中，这种沟通被你扼杀了。

3. 父母过多的“操劳”

为人父母者，总想让自己的儿女得到最好的关注，走到最正确的道上。于是，父母过多的“操劳”出现了——总怕孩子误入歧途，只要孩子有一点异常，父母就大惊小怪，大加追查，孩子愿意说的、不愿意说的，通通都得说。如果孩子没有说实话，或者反驳了父母的观点，父母就开始一味地批评、责骂，甚至开打。久而久之，孩子什么也不愿意告诉父母了。据一项调查中显示，80%的学生选择了“将心事告诉同学和朋友”，仅有10%的学生表示愿意将心事与父母分享，另外还有10%的学生则表示，心里有事时，常常无人倾听，只好埋在心里。

4.“冷暴力”

一个人对自己的评价，往往取决于别人对自己的态度，尤其是孩子，在他们内心，最注重的是父母和老师对自己的态度。

孩子遭遇的“冷暴力”有两种：一是来自家庭，一是来自学校。前者是来自于父母：父母从不认可孩子，甚至全盘否定孩子；经常威胁恐吓，用“考不了高分就别想出去玩”，“要是再这样，就滚出家门”等刺激性语言威胁孩子。后者则出现在老师和学生之间：对于问题学生，一些老师管了几次后毫无效果，往往就会置之不理。另外，也不排除一些老师的偏见而导致师生之间“冷暴力”的产生。无论是遭遇哪一种“冷暴力”，都会严重伤害孩子的自信和自尊。

5.错误的教育观念

这类情况大多出在农村父母的身上。大多数的农村父母过着日出而作、日落而息的单一生活方式，对子女的期盼一直沿袭几千年来的“养儿防老”的思想，对孩子的成长没有过高的奢望，缺乏家庭教育观念和吸收家庭教育的途径。调查显示，真正认识到自己对子女教育负有一定责任，并能较好地担当起这一责任的农户只占26%，且这种家教方式只停留在浅表地监督和督促孩子做好作业、复习功课，满足孩子的学习所需的学习辅助工具及书籍。其他的父母在孩子学习成绩不好时，不是打，就是骂。

青少年时期的各种发展将是孩子的定型，时间之短，矛盾之多，影响之长久，是人的一生中其他时期不可比拟的，父母老师应充分理解孩子的心理特点，多加关心和引导，使之朝着健康的方面发展，顺利度过这一过渡期，消除“代沟”。俗话说：“沟通是双方的事情。”具体地说，父母、孩子应该积极地配合。

一定要重视孩子的心理健康

由于受到社会、心理等综合因素的影响，儿童期就可能会出现心理问题或障碍。有关统计数据表明，目前我国儿童心理问题的发病率为12%~16%，患有心理疾病的儿童为2%左右。因此父母有必要了解有关常见心理障碍的知识，及时识别儿童心理问题。

其实，不少孩子幼儿期或学龄前期就出现了心理异常，只是表现比较轻微，没有引起父母的注意，孩子上学读书后，这些心理疾病影响了学习成绩，父母才意识到问题的严重性。一般来说，儿童出现心理问题会在情绪、行为及生理方面出现异常变化，这些外在表现可以看作心理求助信号。主要表现在三个方面，一是情绪表现：恐惧，焦虑，不愿上学，容易生气，敌意，想轻生（认为活着没有意思，有度日如年的感觉，兴趣减少或多变、情绪低落）等。二是行为表现：离群独处，不与同年龄小朋友一起玩，沉默少语，少动，精神不集中，过分活跃，有暴力倾向、逃学、偷东西等行为。三是生理表现：头部腹部疼痛、恶心、呕吐、厌食或贪食、早醒、入睡困难、耳鸣、尿频甚至全身不适，而躯体检查及实验室检查又没有躯体疾病。

对于孩子的心理问题，如果不及时干预会引起严重的心理和精神障碍，影响孩子适应社会的能力、人际交往能力和学业成绩，给家庭和社会带来负担。因此，父母要尽可能多地了解儿童心理特点及有关心理疾病的知识，并对孩子的智力水平、兴趣爱好等有更全面的了解，不能盲目攀比、模仿，还要根据自己孩子的气质类型及特长兴趣因材施教。最重要的是对孩子的期望要适度，其次是对心理障碍有一个正确的认识。

父母必须正视孩子存在的心理问题，及时请教专门工作者发现问题并解决问题。

儿童时期的心理烙印常常会影响一个人的一生，在育儿的过程中，有一个扬长避短的问题需要引起父母们足够的重视。

对于那些相貌特别丑或特别美的孩子，父母有时会当着孩子的面发表些议论。在被他人提示中，这些相貌异常的孩子会对自己的相貌产生与众不同的自卑或自傲心理。这种过早的自我关注，是不利于孩子健康发育的。

别在心理上固化孩子的某些毛病。有些父母一发现孩子有什么“不正常”的地方，如爱眨眼睛、说话结巴等，立即批评纠正，这常常会起到一种“心理固化”的作用。

有时对孩子的特长、优势也需要适当的淡化。许多父母对孩子从小表现出来的天资、天分往往给予过分的肯定、赞扬和宣传，如对孩子的“超常”数学演算能力、背诵能力、音乐美术等方面的技艺等，不光是在家自我欣赏，还多在朋友、外人来家时，让孩子做专门的炫耀性表演，导致孩子过早地专业化。从而影响了身心的全面发展。在孩子的幼儿时期，要让他们广泛地涉及生活与事物的方方面面，从中汲取知识营养，为将来的“专一”打下坚实、宽厚的基础。

别让孩子发现自己是父母的“心头肉”。如今的独生子女父母大多对孩子有“过分关怀”的倾向，久而久之，孩子便有了那种“我在父母心目中地位绝对不一般”的异常心理。这种心理常导致他们任性、不负责任、不愿吃苦和付出的心理。

一个心理健康的孩子至少应该具备以下5个方面的特点：

（1）有正常的智力，有求知欲；

（2）能逐渐学会调控自己的情绪，保持乐观向上的心态；

（3）能学会与周围人正常交往，尊重别人，乐于助人，并且有团队精神；

（4）能自我接纳，有自制力，能积极面对生活中遇到的问题和困难，并能适应周围的环境；

（5）具有良好的行为习惯和健全的人格。

培养孩子健康心理的注意事项

孩子成长的每一个阶段，不但有身体发展的目标，也有相应的心理发展的目标。父母要懂得孩子心理发展的每个阶段的特征，并且给予正确引导，以促进孩子的心理健康发展。幼儿阶段是孩子一生中的重要阶段，此时更应该重视孩子的心理健康发育，错过了这个时期，也许就会给孩子留下一生的遗憾，因此，父母必须尽早培养起孩子的健康心理。那么，如何让孩子心理健康发展呢？

首先，要常使孩子感受到愉快的情绪。要孩子感受到愉快的情绪，父母就要给予孩子无限的关爱，因为许多孩子的心理问题都是因为父母和孩子缺乏交流而引起的。这就要求父母要常与孩子交流，通过交流沟通，不仅使父母能更好地了解孩子的心理特点，及时发现孩子需要引导的问题，更可以使孩子深切地体会到来自父母的关怀和爱，从而有一种心理上的安全感和满足感。孩子因此感受到的愉快情绪，是孩子心理得以健康发展的基础和前提。这种交流可以是随时随地的，例如，在与孩子同行的路上可以问问孩子在学校里的开心事；逛商场前让孩子说说自己喜欢的物品；在饭前饭后跟孩子说一些有趣的故事等。只要父母用孩子喜欢的语言加上亲切的笑容就可以了，这样会使孩子从中得到一种健康情感的影响。

其次，父母要注意自己的言行举止。父母的言行举止无时无处不在对孩子产生着潜移默化的影响。有的父母不懂得教育的规律，不知道孩子心理发展的阶段特点。孩子犯了一点小错误，父母就以偏概全，经常说一些伤害孩子身心的话，更有甚者，对孩子打骂相加，使孩子形成胆小、压抑或者反叛心理；还有的父母和孩子说一些混淆是非的话，或者以反话激孩子，比如，“你这么能干，什么都抢过去，有本事你再来试试，你是真行吗？”这不仅会强化孩子的任性心理，还会使孩子信以为真，造成不良后果。至于父母的举止行为，就更容易给孩子带来影响了，所以要使孩子心理健康发展，做父母的必须时刻检点自己的言行，给孩子一个明确的是非标准和安全的心理氛围。

第三，培养孩子的自信心。父母对孩子的进步和成功的赞赏和鼓励，能使孩子更多地积累积极的情感体验，也能使他们在获得成功的体验中认识自己的长处，相信自己的力量，树立自信心。当孩子慢慢懂事后，就开始注意别人，特别是父母和老师对自己的评价，父母要高度重视自己对孩子的评价，要多以积极肯定的态度来对待孩子。在评价孩子时，应根据孩子的特点和能力，确立适当的评价标准，因为孩子的发展是一个渐进的曲折的过程，要求自己的孩子处处强过别人或者一步到位，这是非常不切实际的。只有对孩子做出公正客观的评价，才能让孩子切实了解自己的能力。当看到孩子有某些不足时，要鼓励孩子去弥补，还要耐心地帮助孩子分析达不到要求的原因和自身存在的有利条件，在实践中树立孩子的自信心。

最后，保持良好的家庭心理氛围是关键。尊重、平等、民主的家庭心理气氛对孩子的心理发展起着独特的作用。孩子也和成年人一样自尊心很强，父母应像对待成年人一样尊重孩子的权利和要求，注意根据孩子的兴趣进行引导，使他们主动快乐地去做各种事情。只有尊重孩子，以理服人，才能使孩子形成健康的心理。现代家庭要求成员之间建立心理上的平等关系，一般来说，缺少平等精神的家庭，孩子容易养成怯懦、自卑、自私的不健康心理。因此父母的心情不佳时，应尽量克制，不向孩子发泄，自己做错了事，也要真诚地向孩子道歉，让孩子真正感受到自己在家庭中的平等地位。心理上的开放有益于养成孩子开朗的性格，父母要善于鼓励孩子说出自己的想法。孩子一天一天长大，有了自己的想法，父母在处理家庭事务时要充分考虑孩子的意见，让孩子有发言权。这样使孩子心理上得到满足，才会形成民主的家庭风气，才能促进孩子的心理健康发展。

因为一个孩子的心理健康与身体健康同等重要，中国家庭往往会忽视对孩子不良心理的矫正，这样使得很多孩子会出现这样那样的问题。“坏孩子”往往“坏”在思想上，只有重视孩子的思想教育，才能使孩子有出息。

第02辑

最容易让父母忽视的孩子心理

注意，小孩子也有嫉妒心

嫉妒是孩子自我意识觉醒的外在表现。一般来说，30个月龄内的婴幼儿暂时还不会表现出妒意，但随着年龄越大，越可能与周围的伙伴攀比，对自己几经努力也无法达成的目标充满不甘，这个时候，对“幸运儿”的心理排斥和强烈的妒意，就冒出来了。嫉妒一方面是待人不够宽容的具体表现，另一方面也是孩子自我意识开始觉醒的表现，是成长的副产品。通常，嫉妒情绪强烈的小孩，好胜心也强，愿意为某一方面超出同龄人而付出双倍的努力。父母要做的，只是解决因此而产生的虚荣、攀比、说谎、任性等负面因素，而不是把嫉妒背后的进取动力也一笔抹煞。

别看是孩子，心思可不比成人简单。他们在竞争中暗暗滋生一种名为嫉妒的消极心理，转而形成一种不正确的嫉恨。老师表扬了一个表现好的孩子，而另一个孩子没有得到赞扬，可能他就会表现出闷闷不乐的情绪，因自己没有得到表扬而不高兴，压抑久了，这种“不高兴”便转移到另一个幼儿身上变成嫉恨。有的孩子为了攻击对方，会在老师面前诋毁他，打小报告，甚至扬言和他有仇，为他的失败而幸灾乐祸等等。

面对有嫉妒心的孩子，父母应及时疏导，以免让孩子形成不良的性格。

1.鼓励孩子承认自己的嫉妒

假如发现孩子有妒意，父母斥之为“可耻想法”予以打压，只会加深他内心的矛盾与扭曲，而鼓励他说出来，则是舒解孩子内心压力的最佳途径。如果孩子的嫉妒对象是小伙伴，你应当鼓励他当着对方的面说出自己的羡慕和不甘心，比如：我很羡慕你有钢琴，我觉得我在电子琴上练习，永远也赶不上你了，云云。说出自己的真实想法后，孩子很可能会得到呼应和帮助，比如，对方可能会说：你到我家来吧，我们可以四手联奏，我可以教你弹。对方也可能会说：弹琴一点意思也没有，我才羡慕你可以在楼下跳皮筋呢。无论是哪一种答案，都能极大地缓解孩子的妒意和压力，不会令孩子自责“我有问题”，从而心理健康地长大。

2. 应尽量避免使孩子产生嫉妒心理的环境刺激

例如，孩子羡慕邻居家里小朋友有“熊猫吹泡泡”玩具，自己也想要。父母可以用塑料空心管蘸些肥皂水，和孩子一起玩，一样能满足孩子游戏的需要。

3. 设法使嫉妒的消极作用向积极方面转化

例如，一个3岁的女孩脸上有一大块胎痣，时常听到别人说她“阴阳脸”，就心存恼怒。母亲可以告诉她：“胎痣是天生的，电视里常看到黑人、白人，他们也是天生的。这没有关系。你有许多优点，你的眼睛好看，脸长得很美，会唱歌，又会帮助大人做事、很能干。”

4. 激发孩子的自我意识和自信心

父母不要当孩子的面责怪其不如别人，这样会伤害孩子的自尊心和自信心。应该多鼓励孩子，有一点小的进步就要称赞他，让他认识到自己的力量。

5. 帮助孩子自我调节、抑制“伤害性感情”

孩子小，自控能力弱，一旦嫉妒起别人，常会情不自禁地去伤害别人，抢别人玩具，将别人心爱的东西藏起来，甚至推人、打人、踢人等等。父母应让孩子知道自己这样的行为会伤害到别人的感情，是一种不友好的行为，应道歉认错，鼓励孩子与别人友好相处。

嫉妒是表现在幼儿身上的一种十分典型的毛病，它强烈地影响到幼儿情绪地稳定和快乐，影响集体良好人际关系地建立，因此教师应力除孩子的嫉妒心理，给他们纯粹、烂漫的童心。作为保教工作的我们在教育活动中，先让孩子了解竞争是必然的，大家都要踊跃地竞争，争做最好的；其次让孩子知道竞争终归是在友好关系的基础上进行的。老师可在组织活动时或比赛时加以灌输，如：幼儿要相互合作、帮助，为彼此取得的进步而高兴。对于那些已经存在嫉妒心理的孩子，教师应小心婉转地询问他不高兴的原因，或多让孩子倾吐心中的不快乐。有些好胜心强的孩子，应正确地进行疏导，并加以鼓励，你下次也一定做得很好，给予了孩子自信，他的嫉妒心也会自然而然烟消云散了。

总之，培养孩子的心理健康是极为重要的，因为只有从小具有良好的心理素质，才会在今后的生活中不怕困难、不怕挫折。所以，这样的重任是教育者刻不容缓的使命，也是义不容辞的职责。

任何一个孩子都有自己的隐私

人人都有不愿告诉别人的私事，这便是隐私。个人隐私应得到尊重，法律也规定保护个人隐私不许侵犯，这便是隐私权。成人的隐私权且不说，孩子的隐私权受侵犯是常见的事。侵犯者常是父母、教师。

隐私常常包含个人的缺陷（包括生理、行为等方面）、错误、失算，是孩子自尊心遭到打击的记录。**如果把自尊心比喻为花瓶，隐私就是瓶上的细小裂纹，所以当老师的，做父母的更应细心保护好这个花瓶。随便暴露孩子的隐私，甚至当众宣扬，这无异于敲打这个有裂纹的花瓶，让孩子无地自容，把孩子的自尊心敲碎。**

所以，孩子到了一定的年纪就变得不爱跟父母汇报学校情况了；他们短消息来来往往，还莫名其妙地偷笑；漂亮的带锁的日记本被孩子从衣柜藏到床底，反正就是不给父母看……随着年岁的增长，孩子已经拥有一个相对完整、真正属于自己的世界，这个隐秘世界是孩子的自由王国。孩子常会用一些细小的举动勾画出一条“警戒线”，这条“警戒线”是包括父母在内的其他任何人都不能随便跨越的。但是，许多父母不能正确对待孩子的这种心理需求，总是千方百计地窥视、猜测孩子的隐私。父母的这种“爱心”往往会使孩子产生强烈的逆反心理，父母们开始担心，到底孩子发生了什么变化。于是，趁孩子不在，偷窥他们的隐私便成许多父母的“爱好”。

一位中学女生回到家，就遭到父亲怒不可遏地一顿训斥。原来，父亲偷看了一位男生写给女儿的信以及女儿的日记。女儿指出父亲的做法是“违法”的，父亲以一记耳光回答了女儿的“不敬”。第二天，女儿失踪了。四天后，在离家50多里的河湾处找到了女儿的遗体。

这是一起不尊重孩子隐私而造成的悲剧。隐私是每个人心中不愿告诉他人的秘密，应该说人人都有自己的隐私，孩子们也不例外。

尊重隐私，是文明的表现。很多孩子总爱在自己的抽屉上上一把锁，似乎有什么秘密。其实，这是一种闭锁的心理特征，是一种独立意识和自尊意识所体现的正常心理反应。随着年龄的增长，孩子的生活领域扩大，知识、信息量拓宽，情感世界逐渐丰富。青春期的少男少女自我意识、自尊意识不断增强，他们原先敞开的心扉渐渐关闭，渴望有独立的、受社会和家庭尊重的人格。这种自我意识的增强，是孩子走向社会的前奏，对孩子的身心健康关系重大。

然而，在许多父母眼里，子女似乎永远是长不大的孩子。他们没有意识到孩子正在长大，已经有了自己独立的人格和自己的隐私，随意闯入孩子的“隐秘世界”，采取强制手段，拆信、监听、悄悄查看日记以及打骂、禁闭等，这样只能适得其反。让孩子拥有隐私，就是维护孩子的心身健康；尊重孩子的“隐私世界”，是对孩子人格的保护，父母也会因此而赢得孩子的敬重和爱戴，父母对孩子的隐私应有正确的态度。

理智的做法是尊重孩子的隐私权，也就是尊重孩子的人格。给他们一个自由的空间，但并非放任自流，对孩子的隐私要给予充分的关注和积极的引导。

孩子的自我认同感不容忽视

心理学家发现，当孩子升入小学之后，他们的目光会逐渐投向外部世界，并试图从社会或新的群体中寻求自我认同。所谓自我认同，即个体依据个人的经历反思性地理解到的自我。成长期自我认同是孩子社会化进程中必然要经历的重要阶段，其重要特征是孩子自我认同的程度与外界反馈存在密切联系，主要表现为孩子对自己行为判断的重要标准完全依据他人的评价，尤其是最亲近的人的评价，比如父母和老师等。

这时，**自我认同程度的高低在很大程度上影响孩子是变得自信自立，还是变得畏缩自卑，更影响到孩子是快乐地成长，还是闷闷不乐地寻求别人的认同。**

周澜非常焦虑，她觉得刚升入小学的儿子冲冲没有以前的活力了，他总是耷拉着头，做什么事之前都要小心翼翼地问下父母的意见，而冲冲整个人也似乎变成一只惊弓之鸟，变得怯懦，容易受惊。

周澜来学校接孩子时，与老师进行了沟通。老师也反映冲冲在学校里总是闷闷不乐，也不愿意跟同学们说话，就一个人呆坐在椅子上。周澜说，冲冲在幼儿园时是一个很活泼开朗的孩子，现在怎么突然变成这样了？老师就问周澜，你是不是经常批评孩子，结果让他自己做什么事都没有自信了。

周澜想了半天，却没有想起什么时候批评过冲冲。老师接着建议道，出现这种情况，最好不要对孩子要求太严格了，多对他进行一些鼓励与赞许，相信不久会有所改善。周澜很赞同老师的看法。

接冲冲回家的路上，周澜就假装漫不经心地问他学习上的事。冲冲怯生生地说："今天我们做了数学测试。"

周澜笑着问："那你这次考了多少分呢？"

“85分。”冲冲说话的声音更小了。

周澜很高兴地说：“85分很高啊，冲冲真棒！”

“真的吗？”冲冲欣喜地抬起头，望着妈妈。

“是真的。”周澜微笑着，并用力地点头。

冲冲突然朝门口望了望，又不安起来：“可是，可是爸爸一会儿会批评我的，上次我数学考了90分，爸爸还说我怎么没考100分，叫我把做错的题目重新写了二十遍。”

周澜听了冲冲的话，马上意识到可能是丈夫对儿子管教太严了，才让冲冲对自己这么不肯定。

有不少妈妈反映，孩子刚入小学时，无论说话做事都显得没有自信。这些孩子并非羞涩，而是自我认同感不够，表现为闷闷不乐，容易讨好别人，又容易道歉、乞求。别看少儿期孩子的自我认同感十分简单，但他们的感受却十分强烈，他们可能仅仅因为别人一句夸奖的话而变得充满自信；有时候，别人一句批评的话又会让他们对自己完全丧失信心。所以，在这一阶段，父母应该做的就是培养孩子的自我认同感，帮助孩子建立自信。

自我认同感，并非与生俱来的，而是个体依据个人的经历对自我的一种反思性的理解和肯定，是在每个人的成长过程中随着经历的增长而逐渐形成的。对于成长期的孩子而言，他们的自我认同感的形成和完善和外界环境的反馈有着紧密的联系，由于此时孩子的理性思维能力和对周遭事物进行客观评判的能力尚不够完善和独立，所以他们对自己行为判断的标准往往需要来自他人对自己的评价，尤其是最亲近的人的评价，比如父母、朋友和他们敬重的师长。

在这个时期，能够经常得到父母肯定和赞扬的孩子自我认同感较高。相反，那些经常受到批评的孩子，更容易认为自己不够好或没有能力甚至是不被喜欢的，久而久之这样的孩子就会变得自卑。所以，适当的表扬对于这个阶段的孩子而言是非常重要的，它能够促进孩子自我认同感的建立，具有积极的影响。

孩子一定会出现一个“逆反期”

许多孩子小时候在父母的眼里都是乖巧可爱的，可孩子一长到十四五岁时，就开始爱和父母唱反调了，对于父母的话他们总是“东耳朵进西耳朵出”；就是天大的事，孩子也不跟父母说……一个孩子在他成长的过程中，这样的情况可能会持续两三年时间，有些孩子在父母面前的“不听话”表现得很突出。在现实生活中，我们不难看到不少父母有这样的悲叹：亲生骨肉在和自己作对。叛逆是每一个孩子在成长中一个必然的心理过程，心理学家把孩子专爱和父母、老师作对的这一时期称为孩子的“逆反期”。

“逆反期”是一个人从孩童过渡到成人的关键时期，如果父母不加以正确引导，就会导致孩子产生叛逆的性格，由此就会产生许多病态性格，比如多疑、偏执、冷漠、不合群、对抗社会等，这些性格如果进一步发展的话，还可能向犯罪心理和病态心理转化。叛逆起源于孩子自我意识和好奇心的增强，加上社会、媒体的冲击，促使孩子对许多东西产生兴趣，他们便要通过表现个性、追逐潮流来满足自我意识和好奇心。当这种孩子的自我意识和好奇心超出一定度的时候，孩子就表现出叛逆的性格，这个“度”超出的越多，孩子就越叛逆，叛逆的危害也就随之加剧。社会和家庭的传统教育的一些弊端，阻碍了他们自身发展的需求，也会成为叛逆心理产生的源头。此外，孩子如今面临的各种压力，比如集体压力、学习压力以及生活中的无聊情绪等，也是叛逆心理产生的“沃土”。

“逆反期”是孩子到了青春期的时候，孩子除了身体方面的变化外，思维方式也由儿时的感性的思维转变为更加理性的思维，孩子的自我意识逐渐地加强，处处要体现“我”的存在。但他们对事物的理解缺乏深度，体现自我又没有更广阔的市场，于是他们就会寻找实现自我的环境，因此，离他最近的父母或老师就成了“受害者”，他就靠和父母“对着干”来体现自我。

其实，逆反期的孩子，在面对父母和老师，甚至对社会也会产生强烈的对抗情绪。比如这个时期的孩子爱打扮的与别人不一样，有的甚至追求另类；爱做一些引人注目、与众不同的事；爱说一些令人吃惊的话；孩子的所有举动，其目的就是让人另眼相看，这都是他们想要的效果。孩子这样的举动，一方面是孩子年少，他缺乏适应社会环境和独立思考的能力等；另一方面，孩子起于萌芽的自我意识支配着强烈的表现欲。换句话就是孩子要在社会上处处体现自己，通过展示自己和别人的不一样来体现自己的价值。了解到这些，父母就不难理解孩子逆反期的表现了。

但是，对于父母来说，他们在面对一个叛逆的孩子的时候，他们看到孩子的“坏”的表现是很多的，这也就是叛逆的孩子通常的表现：频繁地大发脾气；与父母过度争吵；明显地对抗和拒绝大人的要求和原则；故意使人痛苦和不安……对于孩子的这些表现，父母如果加以正确引导，这是孩子成长中必然要表现的“坏”，但如果处理不好，将会影响到孩子的心理成熟和身体的发育。对子女的这段逆反期，应如何进行正确的引导，这是每位父母在家庭教育中都要注重的问题。

逆反期时孩子的叛逆在孩子的成长的过程中，不全都会起到负面的作用。孩子对一些事的不同看法和做法，不一定全是错误的，因为大多数人认同的东西也不一定全是对的。从某种角度讲，孩子的叛逆往往是一个人具有创新精神的基础，这种性格培养孩子探索新知的行动，更使孩子探索新知成为一种本能。因为如果没有“叛逆”的存在，人们就会对原有的东西一味地去认同，这样，人总会是墨守成规的，这样的生活也会了无生趣。在学校里，“不听话”的孩子走向社会后，其中的大多数都比在学校听话的孩子更能体现出人的价值，其中的原因就在于此。

任性是孩子心理需求的表现

据美国儿童心理学家研究表明，孩子任性是种心理需求的表现。他指出，孩子随生理发育，开始逐渐接触更多的事物。他们对这些事物的正确与否，不可能像成年人那样进行瞻前顾后的分析，再做出处置决断。而仅凭着自己的情绪与兴趣来参与，尽管这些事物往往是对他不宜、不利，或者是有害的。

所以，在生活中，我们可以经常见到一些孩子，为达到某种目的特别任性，有时甚至会因此哭闹不止，把父母搞得精疲力尽而仍不罢休。为此，父母只得退让，或者听之任之；而有的人却把这种任性，归咎于独生子女带得太娇惯。这都是错误的。

父母多以成年人的思维去考虑他参与的结果，完全忽略了孩子参与的情绪和兴趣。实际上，这种情绪和兴趣，就是孩子很想接触更多新事物的心理需求。

4岁的杰克偶见表姐尼娜有个新玩具，在表姐离开后便开始作难母亲，非得立即有个同样的玩具不可。但此时已是夜深人静，母亲不可能驱车进城为之寻购。于是，杰克哭闹了一整夜。看起来是杰克任性，无理取闹。可母亲从没有从心理角度去了解，杰克为啥非得立即要那玩具，更多的是去责怪他“要别人的玩具，或者性子太急”。

其实孩子仅觉得那玩具有个闪亮的灯好玩、那灯为什么会闪亮而已，这就是一种好奇的心理需求。当这种心理需求得不到安抚时，他就与母亲作对，无奈中只得以哭来抗议。不达到目的，绝不罢休。如果母亲重视到这种心理，采取表扬杰克为弄清那玩具为何闪亮是爱动脑筋和非常聪明，再摆出今晚不可复得这玩具的道理，并承诺明天将与他共同研究玩具闪亮的方法，可能孩子的情绪会好得多，至少，他心理上感到母亲对他在“闪亮”问题上的认可。

处于独立性萌芽期的孩子，对一切事物都想亲力亲为，都想弄个透彻，这原本是好事。但是，这种亲历亲为的心理，往往会在不合实情中表现出来。对此，父母一不可包办代替，二不可断然拒绝，否则，孩子的任性就会越来越严重。

任性不是孩子的错，是一种心理需求的表现，这种任性，实质上是一种与父母对抗的逆反心理，其根源又在于父母初始没有重视他们的心理需求。

孩子有着不可亵渎的自尊心

所谓自尊心，就是尊重自己，维护自己的人格尊严，不容许别人侮辱和歧视的心理状态，它来自于对自己的评价和他人给予的赞扬和认可。从理论的层面上来说，一个人的自尊心越强烈，这个人的自信心也就越高。因为个人自尊心是一种个人要求受到尊重的感情，它力求保持自己在集体中的合理地位。在这方面，孩子跟大人是一样的。或许有的父母对此并不赞同，而且也很不理解孩子的自信怎么会跟个人的自尊心联系在一起呢？甚至更有些父母会觉得孩子毕竟还只是个孩子，他们从生下来便在自己的呵护下成长，从当初的喂奶、换尿布，到后来的衣食住行，那一样能少得了父母，难道孩子还会在自己面前寻求自尊？这是很多父母在认识上的误区。

在自尊心的词语解释里面，对于它的含义有这样的阐述：具有自尊心的人，能够积极履行个人对社会和他人应尽的义务，为人处世光明磊落，对工作有强烈的责任心；在学习方面，能够发扬自觉、勤奋、刻苦的精神；而自信就是相信自己有能力实现一定愿望的心理状态，它必须建立在对自己和对事物的正确认识的基础上。正确的自信心能使人意志坚定，不怕困难。由此我们可以这样说，自信心与自尊心两者之间是相互依赖又相互补充的有机整体，试想一个连自尊心都没有的人，对自己、对事物都没有一个正确的认识，他又如何能意志坚定、不怕困难地去做一件事情呢？而一个没有自信的人，他又如何能怀着强烈的责任心对待工作，怀着勤奋、刻苦的精神对待学习呢？所以父母在帮助孩子建立自信心的同时，应该首先培养孩子的自尊心。

自尊心是孩子行动的内部动力，它能激发出孩子积极向上的精神力量。随着孩子年龄的不断增长，他们的行动、语言、智力也随之不断在发展，并逐渐开始认识自己，把自己作为主体从客体中区别开来，对自己可以完成的动作总是要求自己独立完成，而不希望有成年人来帮助，例如："我自己吃"、"我自己走"、"我自己拿"等。此时是父母培育孩子自尊心的最好时机，如果能对他的行为给以正确的评价，将对他们个性的成长和以后的人生历程具有重要的意义。反过来讲，如果此时没有对孩子进行恰当的教育，而让孩子去从事某些活动，他们就有可能因为生活经验不足，遭受到挫折和失败，同时又得不到成人的帮助和鼓励，甚至遭到责备，他们就会因此产生自卑的情绪，给再教育带来困难。

另外一个方面也很值得父母重视，就是在培养孩子个人自尊心的同时，还应该检查自己的价值观是否影响到了孩子，是否影响了孩子对自己的评价和对世界的认识？在许多家庭中，父母虽然也是爱孩子的，也有保护和忍让孩子的意愿，可就是没有把孩子放在与自己平等的位置上来，所以在批评孩子某些不正确的言行和举止时，从来不会顾及到孩子的内心感受，并认为这是理所当然的。其实这种做法是完全错误的，对孩子的自尊心将会带来很大的伤害，同时孩子也不会因此就反省自己，反而对父母心怀不满，若进一步发展还会引起孩子的反抗。其实这都是父母教育不得法的原因。在此，父母要明白一个道理，就是孩子的自我评价很大程度上来自于父母对自己的评价。

一位心理医生非常痛心地讲述他碰到的现象："很多父母为了孩子的问题来找我，当他们绘声绘色地描述着孩子的种种不良行为时，孩子就站在旁边听着呢！"在这样的情形下，孩子的脸面被指戳得千疮百孔，自信和自尊心又从何谈起呢？所以，即便孩子的某些言行有欠妥当，父母也应该斟酌好要说的话，切忌在外人面前对孩子品头论足，更不应该在外人面前对孩子的种种不是加以批驳。

孩子对父母天生有依恋行为

孩子的依恋行为是孩子社会化进程中的一个重要环节，因为它关系着孩子将来的健康成长，更会影响孩子今后对社会发展的认知和适应能力。**当孩子逐渐长大，这种依恋性会慢慢发展成一种认同性依恋，这不仅有利于促进孩子智力的发育，还可以使他们在成年后更加自信，更加信赖别人，从而能够建立良好的人际关系，并在将来稳定自己的家庭和社会关系。**

小牛牛生得虎头虎脑的，十分可爱。家里不管是爷爷奶奶还是外公外婆，都把他当成掌中宝，对他百般呵护，宠爱至极。

满周岁之前的小牛牛，又乖巧又不认生，不管是谁抱他，他都很大方，连帮忙带孩子的阿姨都很喜欢他。但是从1岁以后，小牛牛开始变得私人了，对妈妈十分依赖，妈妈走到哪儿他跟到哪儿，似乎生怕妈妈不要他了。

有一天早上，妈妈去楼下拿包裹，只是离开了短短几分钟，回到家就听到小牛牛在号淘大哭，一看到妈妈进来，他便挣脱阿姨的怀抱扑向妈妈，像受了很大委屈似地趴在妈妈身上痛哭不止，妈妈哄了半天，才哭哭啼啼地说："我要妈——妈——"

看到他哭得如此伤心，小牛牛妈妈实在很心疼。

那时，小牛牛妈妈因为自己想重新去上班，需要时间学习，于是小牛牛妈妈请了个阿姨带他。但是，小牛牛似乎习惯了跟妈妈在一起，看见妈妈在上网，他连忙摇摇摆摆地走到妈妈面前，趴在妈妈腿上，眨巴着眼睛问："妈妈，你在干吗？"

妈妈故意说："妈妈在找工作呀，找到工作赚钱给小牛牛买糖糖吃呀！"

小牛牛拼命地摇头，一脸委屈地回答："小牛牛不吃糖糖，小牛牛要跟妈妈一起玩。"

最后，网也上不成了，妈妈只能带着小牛牛一起玩。小牛牛对妈妈这样的依恋行为，一直从1岁持续到3岁。

到了小牛牛3岁时，妈妈把他送进了幼儿园，刚开始送去的时候，小牛牛是又哭又闹，还哼哼地说："我不上幼儿园，不要，不要……"

没想到的是，进入幼儿园两周后，小牛牛就很少向妈妈撒娇哭闹了。一天，幼儿园的班车按时来接他，小牛牛就急着大嚷："妈妈，快点，车子来了。"说着就要挣脱妈妈的手跑出去。

小牛牛每天放学回来，就一直背着小书包不肯放下，连吃饭的时候都还背着，问他为什么不把书包放下来，他稚声稚气地说："我要听老师的话，好好学习。"吃完饭后，小牛牛就吵着要吃香蕉，妈妈说家里的香蕉都吃完了，要去买，小牛牛就催促着妈妈现在去买，还说："妈妈，我送香蕉给郭老师吃，好不好？"

妈妈故意问："小牛牛不是最爱吃香蕉吗，为什么送香蕉给郭老师呢？"

小牛牛拉着妈妈的袖子，轻轻地说："郭老师生病了。"

妈妈又问："那其他老师生病了，小牛牛送香蕉给他们吃吗？"

小牛牛犹豫了半天，这才慢吞吞地说："郭老师喜欢我哦，我也喜欢郭老师。"

比起1岁多时，小牛牛对妈妈的纠缠不放的依恋已经没有了，现在的小牛牛开始融入幼儿园的生活了，小牛牛的依恋已经表现为寻求老师的注意与赞赏了。

对于孩子来说，是一种自然与其父母间特殊而持久的感情连结。这种依恋行为，是婴幼儿早期表达情感的重要方式之一，每个孩子都会有。孩子一旦喜欢上一个成人，就会表现得十分明显，喜欢和亲近的人长久相处，并且对这种依恋关系感到舒适和愉快，尤其是在陌生环境中或遇到陌生人时，如果有亲近的人在身边，他们会觉得更有安全感。

3岁之前的孩子，依恋对象主要是父母。通俗地讲，就是孩子喜欢父母，因为只有这样，孩子才会感到安全。这一点在孩子受到惊吓、感到委屈或需要被关心时，就会体现得更加明显。当和父母之间的依恋感建立后，孩子才会更安心，才能更加自由地去探索周围的新鲜事物。

3岁之后的孩子开始进入幼儿园，他们与父母的接触慢慢减少，而与老师、同伴的接触渐渐增多，孩子就把依恋的对象从父母身上转移到老师或同伴身上，孩子的依恋也不再是单纯地寻求安全感，而转变为得到老师与同伴的认同与赞赏。可以观察到，孩子越大，其渴望别人认同的表现就越明显。

由此可见，孩子的依恋情结是正常的表现。作为父母，我们必须重视孩子的依恋情结，理解孩子的心理需求。相反，那些没有依恋情结或从来不表现出对父母依恋的婴幼儿倒有可能存在心理问题，比如一些患孤独症或自闭症的孩子，就是由此发展而来的。

第03辑

破解孩子言行背后的心理真相

孩子撒谎只是为逃避责备

当孩子有撒谎行为的时候，不同的孩子会有各自不同的理由。孩子“撒谎”，父母要认识孩子这种行为的本质或心理属性，那就是孩子撒谎是因为“趋利”、“避害”这两者之一，或者两者兼而有之。

父母对孩子错误的一味责备是孩子撒谎的原因之一。在孩子刚刚出现错误时，很多父母见孩子有点错误，不是大声责骂，就是用体罚来对待孩子。久而久之，给孩子的感觉就是父母有一个习惯：自己有错误父母肯定会骂自己。没有那个孩子不怕父母惩罚的，于是孩子犯了错，总是想方设法瞒着父母。当父母发现了孩子的错误，孩子就会编谎话欺骗父母。比如，孩子考试不理想，看到成绩单后的第一个反应是：坏了，回家又要挨父母的责备了。于是，孩子为了避免父母的责骂或体罚，孩子就会用虚报高分来搪塞父母的询问。所以，孩子撒谎的原因往往就是为逃避父母的责备。当父母对孩子错误的责备形成一种习惯的时候，孩子的撒谎也就形成了一种习惯。

有些父母认为：孩子“不打不成材”，“棍棒下面出孝子”。因此只要孩子有一点过失，父母不是打就是骂，使孩子在错误面前惶惶而不可终日。中国父母最常见的责备手段是在打骂后还要罚站、罚跪、不准吃饭。其实，这种教育方法不但不能使孩子认识到错误，还会使孩子为逃避打骂而不讲真话。因此，打骂、体罚会给孩子的身心健康带来极坏的影响。

孩子的表现不可能是尽善尽美的。由于孩子的不成熟，一不小心就会犯了错误，比如判断失误、记错事情、受人干扰分了心……这些大人们不会给孩子澄清、解释的机会，于是孩子就会想办法编造借口以逃脱惩罚。现在，让我们看一些孩子逃避责备的伎俩：

“这不是我干的”或“这不是我的错”。否认是孩子在逃避责备时常用的手段。当孩子乞求宽恕时，这种精心编造的借口经常会脱口而出。即使是孩子做的、是孩子的错，孩子也会全盘否认；孩子在逃避指责时，经常会含糊其词，或者故意隐瞒关键问题；他们常常会说一些夸大其词的谎言；他们对大人的责问会以掩盖真相为目的，说话无中生有、言不对题或真真假假。这些欺骗伎俩的目的昭然若揭：不过是想方设法逃避惩罚罢了。随着孩子编造借口逐渐习惯成自然，撒谎的技巧渐趋熟练，孩子也就积习难改了。孩子养成为逃避责备而撒谎的习惯，等于作出了一个危险的选择——用撒谎逃避责备的孩子，往往都继续了自身错误，并且一个谎言需要几十上百个谎言来支撑，这个“定律”使得孩子的谎言得到广泛使用。

既然孩子撒谎的目的是为了逃避父母对他们的责备，那么父母如果能和孩子民主相处，让孩子把他自己正确和错误的行为都告诉父母。父母给孩子分析哪些是对的，哪些是错误的；耐心细致地给孩子讲解，分析哪些地方错了，为什么会错，有什么危害。这样孩子不仅懂得了道理，而且十分容易接受。父母对孩子没有了责骂，孩子有什么错误就不怕跟父母说了，那孩子自然就不用说谎了。

所以，父母要想改变孩子说谎的毛病，就必须要关注孩子谎话背后的恐惧心理。父母最好能放下长辈的架子，站在孩子的角度，设身处地为孩子想想，孩子为什么要撒谎？父母对于不诚实的子女，不能总是责备，更不能讥讽、打骂孩子，那样只会雪上加霜。父母要注重和孩子进行沟通，能成为孩子的感情归宿，孩子就会跟父母讲心里的话。

逃学是为了逃避心理压力

作家三毛曾说“逃学为读书”。三毛的逃学，是为了逃避呆板枯燥的教育，换一句话讲，逃学，其实是为了吸取更适合自己的知识。为了读书，三毛选择了逃学，三毛显得有些另类。但在现实中，“逃学为读书”的孩子还是少之又少，很多孩子的逃学，都是在逃避一些东西。现在孩子逃学的意义改变了，以前逃学是为了跑出去玩，而现在的孩子，却是为了逃避那份繁重的作业，逃避枯燥乏味的课堂，逃避略显苍白的友情，逃避校园暴力的凌辱，逃避老师的冷眼和处罚，逃避同学的嘲笑……可以说，孩子逃学是为了逃避。

可以说，一切逃学的问题都源自对现实的恐惧。孩子在学校里因为始终在体验着痛苦，这样他就不愿意待在这样的环境里。但是，因父母的要求，自己很难在父母那里得到自己满意的环境，这样的环境铁定要伴随孩子很长一段时间。孩子的心灵经不住太多的压力，他们能做的，只是偷偷地离开。但是，孩子在潜意识中仍然会按照父母的要求，一如既往地待在学校里学习，为了在这两者之间有一个平衡，孩子只有选择逃学。在逃学的过程中，孩子对学校的现实不会彻底抛开，事实伴随的痛苦仍然会随时袭击他们，因此，孩子是在痛苦中用逃学的方式逃避现实，其中的苦楚，父母哪能知晓。

孩子随着自己的长大，他会增添许多烦恼，这些烦恼令他们无法释放、宣泄和排解。他们所需要的正常环境和条件被人打破，比如说那份繁重的作业、枯燥乏味的课堂、苍白的友情、校园暴力、老师的冷眼和处罚。可没有人能为他们改变或提供一个更好的环境。相反地，老师、父母和社会却把他堵在这样一个令孩子恐怖的环境里。这对于校园的“坏”孩子来说，逃学就成了唯一的出口。逃学能够给孩子喜欢而在现实中得不到的生活，比如：在网吧里的游戏中可以找到成功的感觉；在野外的悠荡中可以感受到充分的自由；在闹市中闲逛可以享受着人格上的平等……

生活中孩子的逃避，是因为学校给予孩子太多的压力了；另一方面，父母对孩子的期望往往会超出孩子的实际能力，这样，孩子等于是在家庭与学校之间的夹缝中生存，这也孩子逃避的理由之一。

孩子生活的环境有两处，一是学校，一是家庭。很多父母不清楚孩子逃学在本质上与家庭有多大关系，不理解孩子逃学是在逃避着家庭什么。其实理由很简单，因为父母对孩子有期望，面对这份期望，孩子就有责任好好地去学习。可现实是，孩子的处境很是艰难，自己学习不好，在学校受着老师的歧视，与同学的关系又很糟糕——这一切叫自己的父母看到后，都是令他们伤心的——孩子的心里也会因此而不好过，孩子不会提及自己厌学的想法，他在父母面前苦撑着。这样，孩子厌学的情绪不敢面对父母，孩子就用逃学的方式来选择逃避，当然，孩子更多的是在逃避一种责任。还有就是从父母的角度来说，有些孩子的父母感情不好，家庭关系复杂，更容易让孩子感觉无助、无奈。于是，为了缓解自己心里的压力，孩子会寻找令自己更自由的空间，以此来忘却家庭给自己带来的痛苦。这可以说是孩子的一种排解，但也可以说这是孩子用麻醉的方式在逃避现实。因此，面对孩子的这种逃避和弥补，父母不应该一味地责怪孩子，而应勇于承担起自己应尽的责任。

解决逃学的关键，是创造条件弥补孩子的心理需要，让他既不需在逃学上去寻求满足，也没必要因为压力而逃避，最主要的环节，就是让学校能对他更具有吸引力。对于父母来说，不管孩子逃学的原因为何，最重要的是父母对孩子的关心和督导。为人父母，平常应多花点时间在孩子身上，让对孩子的督促成为父母的习惯，当父母及时发现孩子的压力难以承受的时候，父母能替孩子排解和担当一份压力。这样，孩子压力小了，孩子就不会因逃避什么而逃学了。

为什么孩子“爱”告状

“妈妈，刚才在外面玩的时候小虎推了我！”“妈妈，今天上图画课妞妞抢我的水彩笔！”……像这样的告状，爸爸妈妈们是不是并不陌生？他们时常冲你跑过来，或者流着泪水，或者极其认真，向你叙述他的小朋友们都做了些什么“坏事”。

也有的爸爸妈妈曾为此苦恼，他们觉得孩子就像“检举员”、“侦察兵”，虽然道德勇气值得嘉勉，但长久下去，孩子很可能就不受小朋友欢迎了。可如果让孩子别去告状，又担心孩子会混淆是非对错。

其实，不管爸爸妈妈们打算怎么看待和“受理”孩子的告状，都应该了解，在孩子告状的背后，在他们自己的心中，自有他们的想法和原因。

一大家人聚在一块时，孩子们吵吵闹闹，玩得很开心。可过一会儿，最小的冬冬挂着泪水跑过来：“妈妈，我要玩小汽车，君君哥哥不让我玩，他还狠狠推我……”这一类“告状”几乎占了所有“告状”的大部分比重，很多孩子在受到委屈时都会自然而然地向大人求助。比如冬冬，他和哥哥之间出现了意见不合的情况，而且还出现了一些不够友好的行为。但因为他处事的能力与社会化的程度不够高，无法自己把事情处理得很好，所以只好向父母求助，希望得到大人的帮助。据心理学家研究证明，这个过程也是孩子宣泄情绪，求得心理平衡的过程。

爸爸妈妈首先需要尊重和理解孩子的心情，这能让他感觉安慰。之后爸妈可以和孩子一起讨论解决问题的方法：“你觉得应该怎么办呢？”听听孩子是怎么说的。如果他对这个问题并没有答案，你可以提供给他一些解决问题的建议。总之，**要给孩子这样的概念——他自己有这样的能力对付这些难题。长久坚持下去，你会发现他们积累了许多这方面的经验，足**

够解决很多问题。

有位妈妈说，在幼儿园的“家长开放日”中，她发现4岁的儿子挺会“告状”，经常向老师“检举”小伙伴的错误：“灵灵把图画书撕破了”、“小小洗手的时候玩水，袖子打湿了”、“虎儿没有把玩具收拾好”……妈妈不禁觉得孩子有点像“小侦察员”，整天忙着找别人的错误，然后检举揭发。

在3~6岁的孩子身上，这种事情太常见了。因为这个年龄段的孩子正在形成规则意识。他们常常把爸爸妈妈或老师的话当成不可违背的规则（比如“洗手的时候是不能玩水的，否则会把衣服打湿”），而且对这些规矩特别敏感，一旦有别的孩子违背了这些他们熟悉的规矩，他们就会予以特别的关注。在孩子的心里，规矩是大家都应该遵守的，怎么能有例外呢？

爸爸妈妈可以试着告诉孩子，虽然我们定了这样的原则，但并不意味着别人不按照这个原则来做就是错的。孩子很多很多，不可能要求每个人都和自己一样。世界是个丰富而复杂的，要让孩子学会理解即使是规矩也是千差万别的。科学研究也证明，随着孩子年龄的增长，他就会认识到规则并不是固定不变的，在众人或彼此同意的情况下也能做一些更改。

“妈妈，那个小朋友把垃圾丢到窗户外面了，我就不会！”有的孩子除了向妈妈告状之外，还会把别的孩子拿来和自己比一比。这是为什么？

这时的孩子已经有了一定的辨别是非对错的能力，他们能够对别人的行为加以“好坏”、“对错”的评判，同时也希望自己得到关注和肯定。如果仔细留意，你会发现受到关注的往往是那些调皮捣蛋的孩子，而乖孩子因为乖，结果反而“默默无闻”。所以有的孩子只好通过“告状”这种独特的方式来告诉你——哎，这次你该看看我啦，我也很棒！如果孩子这方面做得不错，不要吝惜你的夸奖与赞美，“你的确做得很棒，以后也要这样做。”这使孩子感觉到你看见了他的努力，同时也能转移他的注意力，不再纠缠于“告状”本身。有的爸爸妈妈还说，如果孩子告发的是父母也熟悉的伙伴，他们会引导孩子去发现伙伴身上的一些优点，这是为了让孩子知道，一个人有缺点，但他也会有好的地方。

孩子为什么会疯狂追星

有心理学者指出，孩子的追星行为有如“青春痘”，是青春期不可避免的现象。**孩子成长之际，社会角色意识开始觉醒，非常渴望得到自我认同和社会认同，而明星受公众追捧、风光无限，往往成为孩子模仿的榜样**。通过模仿明星的服饰、爱好、习惯，想象自己也像那个被人喜欢的人，借此获得满足感；因为喜欢明星而喜欢自己，因为有一群人都喜欢某个明星，因而获得自信与归属感，是青春期孩子特有的心理表现。

那么，青春期孩子在追星时，又是怎样的心态呢？

1. 感情需要

当代孩子生活在一个物质丰富而情感贫瘠的环境里，独生子女的现状，使他们缺少父兄们所有的手足情；紧张、繁忙的现代生活节奏使他们的父母很少关注他们的内心世界；他们正处于心理断乳期，极需要情感抚慰与思想交流，内心敏感、恍惚，情绪波动极大。他们需要平衡自己，需要诉说内心的种种体验和对青春的种种感觉，诉说自己友情的失落，诉说朦胧的爱情，诉说成长中的种种烦恼以及伴随青春而来的种种苦涩。这时，以优美的歌喉动情地吟唱温馨的情感、美好的未来、艰辛的人生的歌星们款款而来，歌星们形象亮丽时髦，歌曲委婉、真诚、直逼心灵。在这歌声中，孩子仿佛听到了来自心灵深处的自言自语、迷惑与憧憬，一时间歌星成了孩子最遥远而又最亲近的朋友。

2. 向往成功

“成功”这一字眼是每个人都备受关注的，每个人都渴望拥有成功的人生。从一踏进校门，抑或从刚刚懂事，孩子们就被长辈们谆谆教导，长大要有出息，要成就一番事业。歌星、影星们的知名度和伴随知名度而来的荣耀与财富，令孩子逼真地看到了朦朦胧胧的成功，他们渴望成为这样的辉煌成功者。于是，他们热情地追随眼前的成功者，认为能够在芸芸众生中脱颖而出，占尽风光的，必定不是平庸之辈。于是很多的孩子抱着这种寻求成功者之所以成功的奥秘的心态，而成为狂热的追星族的一员。

3.发现理想的未来自我

人有两个自我：真实的我与理想的我。人的一生可以说是真实的我不断地设计理想的我，并为将理想的我变为真实的我而不断奋斗的过程。孩子时代正是开始勾画理想自我形象的时代，在反复地创作，反复地勾画自我理想形象的季节里，他们蓦然发现：那位歌星，那位影星，那位体坛明星抑或文坛新秀似曾相识，亲切而又温暖——噢，原来“他（她）”就是我心目中反反复复勾画的理想的我。

4.追求时髦

这是众多追星的孩子的心态。很多人并没有自己独特的喜好，只是跟着潮流走。社会上流行什么，他们就追什么；哪位歌星走红，他们就追哪一位。周围的同学个个都侃“星”聊“星”，如果自己不加入进去一块神侃海侃，便觉得自个儿土得掉渣，怯得要命，于是便收集阅读“星”们的传闻报道、收藏“星”们种种歌带，甚至去购买贵得吓人的“个人专辑”，然后还得理一个“星”式的发型，穿一身“星”式服装，讲一口“星”味言语，自我感觉倍儿精神、倍儿威风、倍儿浪漫、倍儿时髦。男孩感觉自己成了所有女孩心中的“白马王子”，女孩感觉所有的男孩都在对自己行注目礼。于是，仿佛自己也成了自己崇拜的星。

5.寻求刺激

持这种心态纳入“追星族”的孩子也为数不少。这类追星族成员的最初心态也与前一类有共同之处，起初也觉着追星时髦，追星浪漫，继而体味到追星行为是一种刺激，是平淡学生生活的盐。

面对孩子的“追星”行为，父母该怎么做呢？

“追星”有两种，有些孩子崇拜的是偶像的外表、动作，如果这种模仿过多，可能就会陷入到一个误区里。一种是崇拜偶像人格中的内涵，尽管偶像遇到很多压力、困难，他的偶像克服种种困难，最后取得了成功。这样的坚持、毅力、努力，不到最后关头绝不放弃的信念，如果这些是孩子崇拜的对象，那么，偶像身上的内涵对孩子是具有积极的影响。

老师、父母对待孩子"偶像崇拜"的时候，首先要看成是正常的现象，不要一味压制。即使这些孩子已经在"偶像崇拜"的外表上已经到了痴迷的程度，也不能一味地指责、压制，否则会适得其反，即使父母、老师再好心，也不会被孩子所接受。

孩子偶像崇拜的对象，通常是那些更能接近于他们心理需要和年龄特点的人物。而在父母和教师眼里，这些"光芒四射"的偶像并非孩子理想的学习榜样。从一定程度上说，孩子的偶像选择与教育者所期望的榜样有较大的分离。

事实上，孩子在走出自我迷茫、实现自我确认状态的过程中，成人的说教效应相当有限，孩子往往是通过种种自我体验、甚至冒险而达成的，期间也不乏同伴学习和对榜样的观察学习。心理学家艾里克森提出了"心理社会合理延缓期"的概念，认为孩子需要有时间去梳理、整合所有的混乱与矛盾，在此期间，出现一些孩子阶段特有的心理行为现象正是他们心理社会适应的表现。成人对这些心理行为现象过于忧虑、责备和压制都不利于他们"迷途知返"，而要以理解、宽容的态度，允许他们借助于心理社会合理延缓期来整合自我，发展自我。

就父母而言，最不希望看到的是孩子由于偶像崇拜而影响了学业。孩子已经慢慢长大，说教和压制并不有助于解决诸如此类的孩子心理与行为问题。父母需要把平等和尊重放在首位，用心去倾听孩子的喜怒哀乐，站在孩子的角度而不是自身的经验角度思考问题：为何崇拜、崇拜什么、怎样崇拜。真诚地和孩子交换看法，充分肯定孩子的合理行为，然后再提出你的好建议。父母更应该关注如何在日常的亲子交往过程中，培养孩子的理性思维和对外界环境的适应能力，从而使偶像崇拜成为孩子人生成长过程中的一段灿烂记忆，而不是极端行为的导火线。

针对孩子的“追星”现象，应该更多地采用对话和交流的方式引导他们的审美趣味，提高孩子的鉴赏能力和文化品位。父母可以由对“追星”现象的分析开始进行“偶像教育”，对孩子自发产生的“偶像崇拜”心理和行为进行干预和适当地介入，通过对一些具有成就的人物进行分析、比较，让孩子从中有一定选择。通过孩子主动、亲身参与活动和思考，来实现自我选择与自我反思的结合、内心释放与理性增长的结合。

孩子为什么不愿去托儿所

有一个三岁的男孩，一去托儿所就生病，他告诉我，他害怕去托儿所。一到托儿所他就不说话，但是他心里很明白，很多事情他都懂，他就是不说。老师让他干什么他都不干，也不说话。在家里，他可爱说话了，而且他开始说话很早。他去幼儿园三个月了，前两个月去几天就生病，基本上就没在幼儿园好好待过。从幼儿园回来以后，如果什么愿望得不到满足，脾气就特别大。

作为父母，你要知道现在最能影响孩子心理的是你。他的这个反应，用心理学的语言讲，就是他在潜意识中不愿意离开你。他并不一定很自觉地设计了这样一个装病似的情节，孩子自己的理智并不知道。

他在潜意识中不愿意离开母亲进入幼儿园，因此，就会有一系列心理上的反应。他这个反应实际上是对你把他送进幼儿园的一种对抗行为，是在表示不满。

另外，他从小跟你在一起的时间比较多，对你的依赖心理成了他的一种软弱性，有可能当他面对陌生的生活和新鲜的环境时，确实有不适应和感到压力的地方。

你现在意识到这个问题很重要，如果说你现在因为孩子的这种反应

（生病），从此就把他从幼儿园接回来自己带他，那么你就把孩子一直害到底了。他就永远不会离开你，不会有勇气走到社会中去。

所以，首先应该使他逐渐克服第一个情绪。你要明白他为什么不满？要设法理解孩子，在送他去幼儿园时，不要让他觉得你在排斥他，不再像过去那么爱他、管他了，不要让他产生反感和抵触情绪。

第二，你要和幼儿园的老师配合。请老师用一定的方式，把他对母亲的感情和依恋转移到幼儿园的生活中。这需要幼儿园老师比较好地配合。如果老师对这件事持比较冷漠、不太注意的态度，有可能使矛盾更加尖锐。你现在应该和老师配合起来，商量一下，使孩子在情绪上逐步转化。

你只要认识到他是这样两个原因，一个原因是他对离开你的潜在的不满，一个原因是他离开你以后，走进新的环境产生的不适应和压力感。这两个问题认识清楚了，就可以对症下药地解决问题。

要想办法使孩子产生对幼儿园生活的好奇、喜欢；产生对幼儿园老师的亲切感，这是你要做的工作。这些要你去慢慢寻找具体的方法，原则上是这样。

孩子从幼儿园回来以后，脾气特别大，其实是对母亲不满的进一步反应。做母亲的一定要特别注意，避免使儿子产生恋母情结，这种恋母情结是很容易产生的。恋母情结在孩子长大以后，对他的身心健康是不利的。

母亲要爱孩子，孩子没有爱，未来的生活也是不健全的，但是这个爱不可过分，过分了会使孩子产生恋母情结，使他今后不能正常地对待生活。这个关系一定要处理好，否则孩子长大以后，不仅会对母亲产生依恋，还会有控制母亲的情结。对这个问题要有审视，逐步把关系调整正确。

具体的方法：第一，希望你能够处理好他与父亲的关系，也就是说，你不要把照顾孩子的任务大包大揽；第二，应该增加孩子和其他人的友情。

培养孩子与他人友情的方法是，只要有了比较新的小朋友，你就要非常明确地鼓励他。逢人就讲，我的小孩喜欢和谁在一起玩，而且一下就玩熟了。经常以表扬鼓励来引导他，哪怕只有一点点迹象就要鼓励他。千万不要指责他这个缺陷，而是用引导的方法使孩子向良性的方向发展。

对待这个年龄段的孩子，应该是游戏的原则，奖励的原则，这一点父母们要清楚。只要你认识到这一点，一段时间以后，问题就会慢慢得到解决。

造成孩子心理不健康的主要原因还是家庭。从家庭原因来讲，有特殊情况和普遍情况两种。

特殊情况有这样三种，一种是有家庭变故，比如父母离异或者说父母中有一个人去世，家庭的变故对孩子造成精神上的刺激和创伤，有可能使孩子产生心理病变。另一种情况，比如个别父母对孩子施暴、虐待，孩子可能会产生精神创伤和心理疾病。还有一种，就是孩子遭受过外界的欺凌，比如有流氓骚扰他，甚至对她有过性迫害，同学中有小霸王欺负他，这也可能使孩子产生心理疾病和不健康现象。

当然，这三种原因还属于数量比较少的，除了这三种比较特殊的情况外，家庭中普遍存在的使孩子们产生心理不健康现象的原因，主要有以下几个方面：

第一，就是把孩子放在温箱里，一味地溺爱，把孩子当小皇帝一样对待。对孩子的溺爱是造成孩子心理承受能力比较差、心理上产生障碍的原因之一。

第二，对孩子一方面是溺爱，同时又表现出某种专制。爱到非常细致、非常全面，对孩子有了种种的戒律，你只能这样，只能那样；不能这样，不能那样，一切都管到。

溺爱的结果是把一切都管到，把一切都管到往往就会变成专制，缺乏民主的精神。**让孩子在溺爱中，同时又是在管制中生活，这也容易产生心理上的不健康。要知道，孩子尤其需要一种自在状态。**

第三，就因为溺爱，父母们往往偏重智力教育。在偏重智力教育的时候，忽略了智力以外的心理素质的培养。从小的溺爱，再加上对智力的高追求、高开发，这种偏向也是孩子产生心理障碍、心理不健康的原因。

第四，父母关心孩子，希望孩子成材，但是，对孩子常常期望值过高，这种过高的期望值变成行为，就对孩子产生一种压力。这种压力和我们现在普遍存在的学习负担过重、升学竞争等等结合在一起，从孩子很小时就开始了，一年又一年累积起来，孩子心理上的扭曲、不健康是必然的。

第五，现在大多数家庭都是独生子女，孩子从小和父母在一起，关系非常之紧密，由此会产生恋父情结、恋母情结，这是一种畸形的发展。

按照大家还都能接受的心理学理论，一般来说，女孩子容易恋父，男孩子容易恋母。在目前中国的家庭教育中，男孩子恋母的情结是比较普遍的，因为我们的母亲成天带孩子，关心得无微不至。在这种情况下，男孩子对母亲的依恋就可能变得很畸形。我们经常在街上看到，一个三四岁的小男孩对母亲呵斥来呵斥去，就好像一个很粗暴的男性在呵斥很听话的妻子一样。这种现象要引起我们的警惕。

一个孩子从小得不到父爱和母爱，他们是不会健康的。任何一种爱的缺乏，都可能使孩子无法在心理上健全地发展。反过来，爱超过了一定的限度，达到了溺爱的程度，也要产生不正常的心理变化。

有些父母很骄傲地对别人讲，他的儿子都七八岁、十来岁了，晚上睡不着觉时还要她搂一搂才能睡着觉，吃不下饭还要她喂一喂。当父母这么讲话的时候，她好像很骄傲、很幸福，其实是非常愚蠢的，这是葬送孩子未来的一种家庭教育呀！一个男孩子十来岁了，离开母亲不能吃饭，不能睡觉，这是一种病。父母怎么能不知道这一点呢？

你把孩子往什么方向培养呢？是往疾病这个方向上培养，还是往健康这个方向上培养？往一个强者方向培养，还是往一个弱者的方向上培养？这是目前独生子女家庭中，父母溺爱孩子时，要思考的一个非常严重的问题。

搞小团伙是因为缺乏安全感

作为一个还没成年的孩子来说，他生活的环境主要是在两个地方：学校和家庭。他在社会上的活动往往不是单个的，要么和家人一起活动，要么和学校的同学一起活动，这在孩子看来，都是学校和家庭生活的一部分，因为孩子都是被动地参与，这种“被动”就是孩子没有独立去实施这些活动。这种实践的缺乏使孩子很难清楚地认识这个社会，更谈不上他们能把握社会上的一些事；再一个就是孩子更多的是感性的思维，他们缺少对一些事情理性的思考，这是一个孩子本能的特征。这样，孩子身处这个世界的时候，他们安全感的系数就远远低于成人，因此，在生活中就会表现出胆小，极易恐慌等。

在一个学校里，真正能给班级带来“快感”并不是成绩好的孩子，可以这么说，学习成绩好的孩子，给班级带来的更多的是不快。在孩子们的心中，正是他们的突出，才会显得自己平庸，这看起来是一种嫉妒，但留在差学生心里的阴影却是实实在在的；另一个，老师常常把好孩子作为榜样，对他们的赞许往往是与对坏孩子的批评同在。这两种原因就使得孩子无法与好孩子在一起，因为与好孩子在一起是“不安全”的，这种不安全是孩子心理上的恐慌：第一，自己可能成为好孩子比较对象的反面，与好孩子越近，自己与好孩子的反差就越明显，自己就可能常常遭到精神上的打击；第二，自己与好孩子相比，可能就是一个“不好的孩子”，因为任何人都不想和坏孩子在一起，自己可能随时被好孩子拒绝，这样友谊就不会稳定，与好孩子在一起友谊容易摧垮，精神容易遭受打击，这就是孩子感到的不安全。因此，孩子就不喜欢与好孩子在一起，在现实中也不难看到，成绩好的孩子是独来独往的。

孩子“喜欢”和坏孩子在一起，这也是由于孩子缺乏安全感。

一个孩子要是在学校成绩平平，他就不会得到老师的宠爱，好孩子他又不敢接近，如果身边没有相同认同感的孩子，他在心理上就会感到很孤独。孩子的心理是非常脆弱的，这时候孩子就会惧怕在学校上课，但在大人的要求下以及其他孩子都普遍如此，孩子也只有勉强地待在学校里。正是这种脆弱的情感，加强了孩子在学校的不安全感。

一个坏孩子，他在其他孩子中间的影响力是很大的，因为很多孩子都会受到他们的威胁，这其中也包括对他们的敲诈勒索等。这时，很多孩子就会产生惧怕的心理，但这种惧怕不仅仅是来源于潜在的被敲诈的危险，更多的是坏孩子造成环境的“险恶”给他们带来的压力：打架、捉弄人、偷拿别人东西……孩子在这种环境中就会感到很不安全，为了改善这种局面，孩子往往会有两种选择：一是靠近拉帮结派的“坏孩子”，与他们建立良好的关系，这样就感到安全了；一是自己拉帮结派，拉一帮孩子建立自己的小集团，使自己有保护自我的能力。这样，我们看到的就是“孩子总是喜欢和坏孩子在一起”的现象。

有人会问，好孩子为何在学校感到是安全的呢？原因是好孩子能得到老师的更多关爱，他们更能得到同学的尊敬。因此，好孩子在学校里心里是很踏实的，他就没必要在拉帮结派的孩子中间寻求心理支持，洁身自好也就是必然的了。

因此，孩子喜欢和坏孩子在一起，不是因为他不求上进或自甘堕落，是因为他们缺乏安全感。老师、父母在抱怨孩子的时候，给孩子更多的应该是关爱，让孩子有一个安全的心理环境，是改变孩子不和坏孩子在一起的前提。

拉帮结派为获得心理上的满足

孩子在学校里拉帮结派，在其他孩子面前就是一种强势，他们在其他孩子面前就会趾高气扬的。这种唯我独尊的架势使这样一群孩子在心理上有很强的满足感，这种满足感使孩子沉迷于“帮派”而不能自拔。

拉帮结派的孩子基本上都是表现不好的，他们在生活中受到最多的是批评，这些批评充斥着孩子的生活。前苏联著名教育家苏霍姆林斯基说：“要让每一个人都抬起头来走路。”心理学研究表明，对孩子优点的肯定与赞美，可以使孩子获得心理上的满足，从而产生放松、愉悦的心理状态。而教育者在面对孩子只有更多的批评时，孩子总是处在一种“贬低”的教育中，在自信心丧失殆尽的同时，孩子又极其渴望得到成功的快乐体验，这种体验是可以来自多方面的，当然也包括拉帮结派给自己带来的满足。

拉帮结派的满足首先是来自于孩子之间，因为坏孩子这时能体现自己的“优势”。一个成绩不好的孩子，他很难得到同学们的认可，在学校里孩子看来很是风光的事情，往往与他们无缘，比如，三好学生、班干部的任选、优秀学生……这些东西使一些成绩特别差的孩子低人一等，很多孩子的“优势”都是建立在他们“最差”基础上的，他们不甘于自己被别人“踩”在脚下，这些孩子要在学校里找到体现自己“优势”的东西。于是，看到其他孩子在学习上有优势，他们就在校园暴力这一块建立自己的优势。这样，孩子的心理就平衡了，至少感到自己不是“一无是处”。当这些孩子在同学之间耀武扬威的时候，他们心理会有一种征服校园的满足感，这份满足感正填补了这些孩子在学习上的不足而带来的空虚，这也可以说明为什么很多孩子在学校里总是喜欢拉帮结派的原因。

二是对老师的叛逆情绪。孩子在老师面前不能像其他好孩子一样得到老师的关爱，相反地常常还会有很多的批评，这就很容易激起孩子的逆反心理，当孩子有了逆反心理的时候，他们就会想办法打破老师建立起来的校园环境。比如，老师在上课的时候，有孩子总是不停地捣乱，一个孩子起头，一些孩子就跟着起哄，好像是有意和老师作对，这是他们在宣泄对老师的不满。老师上课因此的愤怒和不顺，在这些孩子看来是他的报复获得了成功，他们因此获得很大的满足。

三是孩子虚荣心的驱使。虚荣的孩子喜欢那种在人面前耀武扬威的感觉，他们把在学校里欺负弱小的行为看成是自己的荣誉，看到一些孩子在自己所属的“帮派”前俯首称臣，他们在心理上就有一种被尊敬、爱戴的满足感，这种体验使很多孩子往往沉溺于“帮派”难以回头。

孩子脆弱的心灵需要成就感来满足，但现实中，他们学习的失败使他们在心理上没有什么可以能满足的东西，于是在校园里“模拟江湖”便成了他们的最爱玩的游戏，他们可以成群结队地在学校任意妄为，敲诈勒索，在学校可以游戏或打闹，这让他们忘却考试、忘却竞争、忘却学习和生活带来的压力、忘却老师和同学们的责骂或鄙视。他们在拉帮结派中还能体验到成功的喜悦，他们在同学之间的为唯我独尊使他们在学业上的失败感淡化，这种学校里的散漫生活得到的成就感与在学习上“成王败寇”的教育体制给他们的感受有天壤之别。

孩子在学校通过极端的语言、行为等来引起同学的注意，拉帮结派还能够满足他们扭曲的心理需求，可以让孩子在所做的事中感受到他人对自己的肯定，感受到个人存在的价值，从而促使孩子致力于这方面的追求，获得心理上的满足，这就是孩子喜欢拉帮结派的心理原因。

因此，父母在教育孩子的时候，一定不能仅仅着眼于孩子行为的表面，要看到孩子内心的想法是什么，这样在纠正孩子错误的时候才能抓住关键，教育才会事半功倍。

抑郁是孩子在心理上的自我禁闭

父母要了解，抑郁是以情感低落、哭泣、悲伤、失望、活动能力减退，以及思维、认知功能迟缓等为主要特征的一类情感障碍。抑郁是多种不良情感的一种综合，它是痛苦、愤怒、焦虑、悲哀、自责、羞愧、冷漠等等情绪复合的结果。由于各人的心理素质不同，抑郁有时间长短、程度强弱之分。抑郁被称为“心灵的流感”，它是在坏孩子中存有的一种普遍的“坏”情绪。父母在对待这样的坏孩子时，很少有人重视这种情绪，于是使很多这样的“坏”孩子都沉浸在抑郁的阴影中无力自拔。

对于有抑郁心态的孩子来说，他们在心理上进行自我禁闭，外人很难穿透他心理的壁垒，他总是把自己深锁在自己戴起的枷锁中，他一个人感受着没有任何现实的孤独、自责和种种不快。

由于抑郁是很多情感综合的结果，这使抑郁有较大的隐蔽性，很多父母往往看不出这一点。孩子是单纯的，很多事情都是通过父母来判断而认知的，抑郁对孩子的危害是很大的，这就使得父母在对孩子抑郁的关注任重而道远。很多父母不知道抑郁会给孩子带来很大的危害，当孩子患有抑郁症的时候，他在情绪上就会焦虑和激越，身体的各项功能就会随之下降；在精神上就会出现运动性阻滞，以致人的思维消极；它还是人自杀的动因，人们称抑郁症为“人类第一号心理杀手”，就是因为没有任何一种心理疾病或精神病有它这样高的自杀率。

孩子可能在生活中与人发生过一些矛盾，这些矛盾在常人看来根本就是无关紧要的，或者就是毫无原因，孩子却深感环境的压力大，经常心烦意乱、郁郁寡欢，不能安心学习，会用各种理由和借口迫切要求父母为其换环境。可到了一个新的地方，他还是认为环境不尽如人意，反复要求改变。当孩子达到既定目标时并无喜悦之情，反而感到忧伤和痛苦，他们在别人看来是喜悦的事时却愁眉苦脸。有的在学习期间经常无故往家跑，想休学或退学。这样的孩子严重的一进学校门口就感觉肢体无力等，当回到家中，他一切又都正常。

因此孩子在心理上的自我禁闭，综合表现是：情绪低落、无精打采，就是对一些原来喜爱的事也没了兴趣，他们干什么都高兴不起来，总觉得自己什么都不好，体验不出生活的快乐；他们不愿社交，故意回避熟人；他们对自己和未来缺乏信心，一点点的缺点或过失也会给他们带来不尽的后悔；他们还会与失眠、食欲不振、疲劳、头痛常伴。他们精神倦怠、表情冷漠，生活弥漫着灰暗；有的人还自暴自弃，甚至出现自残、自杀行为。

对孩子抑郁的问题，父母要把它当作是孩子的病态，而不是孩子的“坏”，父母的态度对于纠正孩子的抑郁心理将起到决定性的作用。父母要有一种理念，就是孩子的抑郁状况是很自然的情况，很多人都会有这种不良情绪，只是各人的抑郁症状轻重有所不同，或有人能忽视这种不良情绪。还有，孩子的抑郁心理是可以治疗的。当你认识到孩子的“坏”是因为抑郁的时候，你就会给孩子更多的关心，父母对孩子的矫正也会很理性。抑郁是孩子在心理的自我禁闭，孩子自己不能“解放”自己，他要外界给予他“输液”、“打针”和做一些心理护理，这样孩子才会康复。中国父母往往对于孩子的精神健康重视不足，往往使得他们在教育孩子的时候，孩子的精神世界就成了他们教育中的盲点。孩子在成长的过程中，出现这样或那样的问题是很正常的，正如有句话说的那样：“不经历风雨那能见得了彩虹。”孩子只有在“风雨”中成长才会显得更加成熟。

自卑是孩子对自己没信心

有很多孩子，他们在心里不相信自己的实际能力，害怕在做事时失败，在学习或社会交往活动中也表现出一定的退缩。在做事过程中，他们只要遇到一点挫折，就会轻易地放弃掉，他们更无法去坚持一件比较难的事。虽然他们十分渴望获得成功，但由于对自己的能力缺乏信心，认为反正自己不行，就是自己努力也是白费力气，失败了还会遭人嘲笑，不如早早地就退出，因而他们不去参与任何有挑战性的活动。这样的孩子在集体生活中从来不愿抛头露面，也很少主动与同伴交往，他们一般没有太多的朋友，或者过分依赖于某一个能保护自己的同伴。这种对自己没信心的孩子，他们的心理往往是自卑的。

自卑是孩子一种不健康的心理，是人格缺陷。孩子过多地否定和贬低自己而抬高别人，影响了对自己正确、客观的判断，不能客观地、正确地看待自己和周围的人和事，就会影响到孩子的健康成长。对于孩子的自卑，很多父母由于忙于工作，不会注意到孩子的这种现象，或者是有的父母根本就无法理解孩子的这种心理，更谈不上能尽早发现而去及时补救孩子的缺失。更有很多父母任由孩子的自卑心理伴随孩子成长，他们不知道这样不仅仅会使孩子得不到很好的成长，还会给孩子成人后的生活带来更大的痛苦和折磨。

一般有自卑感的孩子，都是由于他本身就对自己缺乏信心，对别人的言行态度往往就十分敏感，特别是别人对他的批评，更是反应过激，有时为了维护强烈的自尊感，还会做出一些过激行为。由于他们的自我评价比较低，因而特别希望通过他人的评价来肯定自己，所以他们往往会比一般孩子更渴望教师和父母的赞许。

孩子不能客观地对自己进行评价，他们更多是通过父母的态度和评价来认识自己，因而父母的态度和评价，对于孩子自卑心理的产生，具有重要的诱发和强化作用。在父母看来，自己的孩子是最无忧无虑的，因为任何父母都会把自己的孩子照顾得很好。但事实上，孩子也有自己的苦恼，自卑就是其中最可怕的一种。生活中很多孩子在学习及生活上存在困境，都是因为他们对自己的信心不足，尽管不是本身有什么缺陷或短处，使孩子自惭形秽，仍旧感到自己就是比别人差。自卑的孩子通常会认为自己在某一方面或多个方面不如别人，甚至是样样不如别人，常以一种怀疑的眼光看待自己，而且对周围人的言行、态度反应也是格外的敏感。这样的孩子在生活中，往往在内心深处隐藏着永不消散的愁云。

孩子自卑心理的形成有着多种原因，其中主要是受家庭环境和他人对孩子的态度这两方面的影响。从这两方面中可以看出，父母在这中间起到很大的作用。这也就是说，孩子的自卑，父母往往要承担很大一部分责任。比如，在公众场合谈论孩子身体上的缺陷，如肢体残缺、聋哑、过于肥胖或矮小等；指责孩子不及他人的地方，如体育和语文成绩不如别人等；有的是在生活中孩子的一次不起眼的经历，如在多次经历失败后又遭遇同学的嘲笑。在这种情况下，孩子就有可能会怀疑自己不如他人，渐渐地就会产生深切的自卑感。还有的孩子的家庭经济条件不好，家境的贫困，使他在吃、穿、用等各个方面都不及其他人，很可能由此也产生自卑感。即使是家庭条件不错，但如果父母关系紧张，孩子也有可能因为很少得到父母更多的关爱而产生自卑心理。

但在现实中，很多父母意识不到孩子对自己没信心有时就是自己造成的，他们对孩子的这种心理不用教育去排除不说，还把这种缺陷一股脑儿地认为是孩子的“坏”。孩子不是生来就有自卑心理的，这种心理是后天教育不当养成的。孩子是脆弱的，他们很容易受到伤害，大人成熟的心理是体验不出来的，他们可能觉得自己的举动很正常，对孩子的教育也很到位，父母不知道他们有时正在培养着孩子的自卑心理。

孩子为什么会出现不自信

孩子不自信，从一个侧面也就显示出孩子可能有自卑的情绪，对此，很多父母重视不够，有的反而认为是孩子谦虚的表现。殊不知，它对孩子的危害是极大的。过多的不自信叠加在一起，很容易让孩子产生出自卑的情绪，从而形成一种性格上的缺陷。如果孩子有了这样的缺陷，将不利于他们的成长和发展。**从心理学的角度来看，自卑属于一种性格的缺陷，具体表现就是对自己的能力和品质评价过低，缺乏正确的认识**。它在日常生活中就体现为胆小懦弱、办事无胆量、畏首畏尾、随声附和、没有自己的主见、一遇到有错误的事情就以为是自己不好，进而陷入一种自我谴责的泥潭里不能自拔。在这种性格缺陷下，孩子就会像一株生长在阴暗角落里的含羞草，终日见不到光明和希望，只能无助地自怨自哀。自卑对孩子全面的健康发展是极其不利的，长此以往下去，孩子将会因此丧失勇气和信心，而且，一旦孩子对自己某方面的能力丧失自信，可能就会连带对自己其他方面的能力也丧失自信，最后造成多方面甚至全面地落伍。如果发展到严重丧失自信心的地步，孩子还会出现更多生理上或心理上的异常。所以父母对此要尤其注意，应该尽快并且彻底地帮孩子脱离出自卑的阴影。

首先让我们来看看让孩子不自信的原因主要有哪些。

1. 学习中遭受了打击

虽然素质教育已经提上了我国的教育方针大纲，但目前许多地方的中小学以应试教育为主的现象还是很严重的，大部分父母对孩子学习成绩的关心超乎想象，甚至有不少父母还像过去一样仅仅依据学习成绩的好坏来评价孩子，认为只要成绩好，孩子一切都好；只要成绩不好，孩子一切都不好。毫无疑问，父母对孩子的这种思维方式和评价标准严重地影响到了孩子的健康成长，使他们背负了太重的学习压力，尤其是那些学习成绩不够理想，或偶然在考试中失误的孩子，在面对父母巨大压力时往往不能对自己加以正确地认识，从而产生了自卑的心理，萌发了破罐子破摔的念头。

有一个爱劳动、懂礼貌的孩子，只是因为自己的学习成绩不是很理想，就开始对自己产生了怀疑，总觉得自己不是老师心目中的好学生、同学心目中的好伙伴。另外有一个初二学生因为性格内向，不善于和同学们交往，便因此认为自己处处不如人，比别人笨，不是学习的料，自卑心理很重，最终萌生了自暴自弃的念头，上课时不再认真听讲，作业也不再按时完成，考试交白卷，放学后就与一些社会青年混在一起，抽烟、喝酒、打架，在家时与父母情绪对立，听不进父母的话。

2.缺乏对成功的体验

有些孩子在日常的生活和学习中曾经遇到过多次的失败与挫折，也就是做事的成功率不是很高，以至于以后在做什么事情时心里都感觉无所适从，一遇到不顺利的情况就心灰意冷。有这样一个口才不太好的学生，一次在大庭广众之下发言失败，耳边听着人们的哄笑，尴尬得很，恨不得立即钻到地缝里去，后来一提起让他发言就浑身打哆嗦。某小学五年级女生，平时在与小伙伴交往的时候就畏畏缩缩的，特别不自信。一次在班里选班干部时，尽管她的得票数很多，可她就是说什么也不愿意当，后来尽管在老师和同学们的鼓励下任了班里的文艺委员，可不久就因为组织联欢会受到了阻力，又打开了退堂鼓。

南京市教委曾经对1200余名小学生做过一个调查，发现其中有四分之一的学生有失败感受。有的孩子想提高自己的学习成绩，结果事与愿违；有的孩子想组织好一项集体活动，结果却不理想；有的孩子想使自己勇敢起来，可还是像往常一样被别人讥笑……如此接二连三地遭受挫折和失败，使孩子从心里产生出一种消极的意识，因此对生活和学习的热情逐渐地降低，并且在这种失败感的伴随下，对孩子形成健康人格的负面影响也极大，他们会出现孤独不安、考试焦虑、过分自责、行为退缩等心理障碍。严重的甚至丧失了对未来生活的信念与求知的欲望。

3. 身体上有缺陷

有一些孩子因为相貌丑陋、身材矮小、身体有残疾，于是常常把自己封闭起来，体验着常人无法理解到的失望与痛苦，进而陷入一种自轻自贱的自卑境地；一些肥胖、口吃、五官不正的孩子也会经常被同学们视为异类，受到嘲笑。比如有一位高一的女生因为自己肥胖，总觉得同学们在背后对她指指点点，一次在和某同学聊天的过程中，对方在无意间说起了要加强锻炼和注意饮食的话题，她便因此认为这个同学因她胖而瞧不起她，为此她极度感到自卑，上课时再也无法把注意力集中到老师讲课的内容上，课下也不想看书，更不愿意和别的同学一起玩，因而显得很颓废，自己也觉得上学简直就是“活受罪”。

武汉曾经在学生中间进行过一次调查，其结果是令许多父母都想象不到的，这项调查表明，现在的中小学生有逾八成孩子自卑的原因是觉得自己“长相不美”。

4. 自己的能力不足

孩子虽然年纪小，但他们也和大人一样在群体之中生活，他们也会认识和接触很多的人或事物，于是一些先天或后天能力相对较弱的孩子在能力较强孩子的面前往往会明显感到自己的不足，因此而产生挫折感。比如有的孩子身体条件不如别人，动不动就生病吃药，被伙伴们嘲笑是“药罐子”；有的孩子记忆力很差，别的同学看三四遍就能背诵出来的古诗，他花了很长的时间、费了很大的气力也不能很流畅地背出来，常常被同学说成“笨蛋”；有的孩子五音不全，唱歌时老跑调，而且连一首歌都不能完整地唱下来，常常受到别人的鄙视，自己也觉得很失落；有的孩子社交能力不强，不善于与别的孩子交往，在学校里没有好的朋友或伙伴，显得落落寡欢，与别人格格不入，因此感觉到自己做人很失败；有的孩子天生运动能力欠佳，身体的协调性也不好，跑步、跳绳显得笨手笨脚，别的同学也不愿意跟他一起玩，心里常常责备自己……

比这些情况更为严重的是，这些在某个方面能力较差的孩子，如果得不到父母或老师的正确对待与引导，在心里就会产生出畏惧情绪来，对许多事情望而生畏。假如因此而产生恶性循环的话，就会使他觉得那些比自己强的孩子越来越强，而自己却是越来越弱，之间的差距也越来越大，于是自卑的心理也会越来越强烈。

5.低估了自己的能力

在我国的传统文化里很强调谦虚，认为谦虚是一个人应该具备的基本美德，所以从小在对孩子的教育中也一再强调谦虚。谁知道结果却是，孩子们往往因此高估了他人的能力，而看轻了自己，并且经常拿他人的长处与自己的短处进行比较，于是在这种比较中越来越觉得自己不如别人，越比越泄气，越比越没有自信。形成这种情况的原因，可能是有些父母错误地引导了孩子，也可能是有些孩子错解了父母的要求，但不管怎样，都不应该使孩子养成自轻自贱的习惯。

第04辑

不良行为会隐藏成长正能量

一定要辨证地看待孩子的行为

我们的父母有这样一个教育习惯：对于孩子的行为，自己不理解的就不会设法去理解，还把孩子的做法归为错误的，这是对孩子教育极不负责任的做法，孩子在这样的教育下很难有什么发展，因此，要善于解读孩子的行为。父母要明白的是，孩子的行为，很多都是对他未知的一种探索，有些事情的做法孩子甚至比大人更有技巧。父母通过解读孩子的行为，明白孩子行为的本来目的，这样便于拿出适合孩子的教育方法，不至于出现因误解而扼杀了孩子的成长。

在历史上的很多天才中，在一般人看来，他们的很多行为是不可思议的。如果后来他们不能成为一个天才，他们的这些举止将永远成为别人的笑柄，更会成为他们是傻子、疯子的有力证据。比如爱迪生，他把几个化学制品放在一起，让佣人吃下去，希望把佣人肚子充满气使其能飞起来，最后让佣人昏厥过去。事情发生以后，震惊了附近孩子的父母，他们纷纷警告自己的小孩说：“不要和爱迪生玩！”同时，爱迪生也遭到父亲的鞭打。他的父亲认为，只有打他，他以后才不会再惹麻烦。这些人不明白爱迪生为什么会这样做，但爱迪生的母亲明白自己孩子这些行为的本来用意。她认为，孩子在做一件有益的事，只是方法不对。因此她反对爱迪生父亲的鞭打，因为这样会阻止他对一切事情发生兴趣。正是他的母亲能够理解爱迪生的行为，才保持了爱迪生爱观察、爱想问题、爱追根求源的天才特质。日本的宗一郎能像狗一样嗅车子漏下的汽油，牛顿在风暴中玩耍……他们表面上是在玩耍，甚至样子很可笑或危险，但他们真正的目的却是在尝试其他孩子没有兴趣尝试的东西。如果父母对其不理解并横加指责，这样扼杀一个孩子岂不可惜。但幸运的是，在这些人中，要么是父母对他们要求不高，甚至有些松散，父母没有规范他们的不良举止，却在无意中成就了他们成为天才；要么就是他们的父母能解读他们的行为，知道那些举止是天才诞生的开始，就有意识地支持孩子的行为。不管是哪一种，它都说明了一个道理：解读孩子的行为，就便于更好地教育孩子，天才也就是这样教育成的。

对于孩子行为的解读，父母要明白两点，一是孩子的行为皆有道理；二是孩子的行为越特殊，他的想法就越多，优秀的特质就越明显。

首先，孩子的行为皆有道理。孩子和成人不一样，无论从哪一方面看他都是稚嫩的。孩子从稚嫩走向成熟是在自己的行动中摸索、学习的一个过程。孩子有这样一个天性，他的一切行动都是在促进自身的发展。说一个最简单的例子，孩子在某一个阶段会表现出不同的举止喜好，而这些喜好对孩子成长来说都具有不同的积极意义。比如，像对于一个几岁的孩子来说，他有段时间会对昆虫或衣服上的细小图案产生兴趣，他还不时地去捉虫子或抠衣服上的图案，孩子会因此被虫子咬了小手或弄破衣服，但孩子的这种行为是天性使然，在心理学上叫做对细微事物感兴趣的敏感期，这种天性能促使孩子养成钜细靡遗、综理密微的习性。还有，孩子在某个阶段喜欢钻进一些狭小的空间里玩耍，或者喜欢爬高下低，他不管地方有多危险，都照玩不误。这种做法也是孩子的天性，因为这时可能是孩子到了空间敏感期，孩子那样做，是为了感受空间的变化，而这种感受对孩子的大脑发育、智商的提高有着极大的益处。还有，孩子活泼好动，是为了使其肢体动作正确、熟练，更能养成良好的动作习惯，帮助智力的发展……因此，孩子很少有毫无意义的行为，他的一切举止都是为了自己更好地成长。父母要因此给孩子充分展示自己行为举止的机会，不要过于限制孩子举止的范围，这样，天才的嫩芽就会在你的手上萌发。

总之，孩子的很多行为都有一定的道理，有的行为是孩子的天性，是孩子成长的必然；有的行为是孩子在天性的基础上加上自己的创新，这是最难得的，它更能促进孩子的成长。父母千万不要总认为孩子的行为无意义而阻止，否则孩子就很难有所成就。

二是父母要能认识到孩子行为的目的所在。认识到孩子行为的目的，主要是为了给孩子的发展提供支持，因此说知道孩子行为的目的是教育孩子的基础。还有一个更重要的是，孩子的举止越过分，父母在不知底细的情况下，反对就会越强烈。前面说过，孩子的行为越特殊，他的潜质往往越强。这时父母的反对，就是在对一个孩子在进行残酷扼杀。

所以说，当今的父母在制止孩子不良的行为时，首先要分清孩子行为的性质，善于解读孩子的行为。不要因孩子怪异的行为而奇怪，也不要为孩子出格的行为而怒火中烧。父母第一要做的就是先找出孩子行为好坏，哪些是隐含很多坏的成分，哪些是好事，如果我们今天的父母用这样的眼光去看待孩子的行为，对孩子的行为纠正就不会犯矫枉过正的毛病。孩子喜欢上网，那是对电脑的痴迷；孩子叛逆，那是孩子有了太多自己的想法；孩子自负，那是对自己自信；孩子早恋，那是健康发育的结果……这些事总有对孩子不利的一面，父母在有效制止孩子不良的行为时，就是让孩子变不利为有利吗？如果父母能利用孩子不利的有利面对孩子加以教育，孩子说不定就能成为一个有用的人。

爱说谎的孩子具有创造力

根据发展心理学的统计，一般小孩是从三岁开始会说谎，到了小学二三年级时到达说谎最盛期。当然其中有常爱说谎的，和较少说谎的，而以“常爱说谎的”孩子创造力较高。因为小孩最初的谎言都是由“幻想”而来，他由这些话来展现他所未曾经验过，却彷佛经历过的事情来说，这和“由无到有”的创造力有密不可分的关系。

小兴和阿明在比较谁的爸爸厉害！

小兴：我爸爸是个伟大的工程师，他什么都会做！你知道喜马拉雅山吗？

阿明：当然知道！

小兴：那是我爸爸造的！

阿明：哼！有什么稀奇？我爸爸才是伟大的神枪手！你知道死海吗？

小兴：知道呀！那又怎样？

阿明：那是我爸爸杀死的！

当你听到小兴和阿明的这段对话，是会哈哈大笑两个小鬼的“吹牛”，还是怒气冲冲地指责他们在“撒谎”？当你发现你的孩子“撒谎”时，是自责自己“没教好孩子”；开始胡思乱想“这么小就学会撒谎，将来不变成小偷、强盗、经济罪犯……”认为“这小娃脑筋挺灵光的，居然能编出这么一套话来哄人”；还是……

到底什么样的话才是“谎话”呢？简单地说，与事实不符合的话，都可称作“谎话”。如果以这个标准来做衡量的话，小孩“最会说谎”的年龄段是3~8岁。因为这年龄段的孩子，还无法弄清什么是真什么是假，而且因为刚学会用字遣词来表达自己的意思，所以表现欲超强，也极度希望自己所说的话能引起别人的注意。而当他们发现自己所说的一些夸张言语，或是将一些别人做的事说成是自己做的时，会引起大人的关注和表扬时，他们很容易就因此变成为一个“爱说谎的孩子”了。

记得小时家里养有一只小猫，每天早上它都会跳上床，用爪子把我给抓醒。我第一次被它抓醒时，哭哭啼啼地跑去父亲那里告状：“小猫打我！”父亲知道我是来向他撒娇，想得到他的一个安慰和拥抱，就笑嘻嘻抱起我说：“它是在叫你起床，不是在打你。”

父亲没有把我所说“与事实不符”的话，反应过度地当作我在说谎，而是帮助我去厘清了现实与想象的区别。能够把“假的说得跟真的一样活灵活现”的孩子，可以说是个创造天才。如果做父母师长的，用孩子是否“说谎”来给孩子贴上“坏孩子”的标签，并给予严厉的处罚，往往就会剥夺孩子创造思考的机会。

年龄较小的孩子，常会将梦境和图画书里的人事物，和现实生活搅混在一起，他们还会认为，大人们也应该会跟他一样“看到”，所以当孩子跟你说他见到的事时，千万不可以斥责他：“你说的是真的吗？又在吹牛撒谎了。”这句话多说几次，保证你的孩子不是变成一个“呆头鹅”，就是闭起嘴巴再也不跟你说心里话了。

当孩子夸大他所见的事物，如说：“我看见了一个跟房子一样大的狗耶！”时，他可能见到的是他从来没有见过的大型狗，他为了要表达他的惊讶，或是引起旁人对他所说话的重视。大人们没有必要去斥责他：“乱讲”，也不需去纠正他使用“跟房子一样大”的夸张形容词，因为我们看一些受人称扬的文章或画作，不都是“夸张”创作者情绪的一个展现吗？我们只要以平平常常的态度回应他：“哦，是看到好大的一只狗了吗？”然后用手比着问：“有这么大吗？”修正他夸大其词的部分即可。

孩子反抗不一定是坏毛病

许多年轻的父母都有这种体会，孩子经常和父母顶嘴、说反话、发脾气。其实，这是很正常的。**在孩子三岁左右，几乎所有正常的孩子都会出现持续半年至一年的“反抗期”，这个反抗期是孩子心理发展的一个必经阶段，心理上称为“第一反抗期”**。突出表现为，自我意识开始发展，好奇心强，有了自主的愿望，喜欢自己的事情自己做，不希望别人来干涉自己的行动，一旦遭到父母的反对和制止，就容易产生说反话、顶嘴的现象。

东东两岁半了，以前一直是一个快乐、随和讨人喜欢的可爱孩子。可是最近一段时间以来，他总爱发脾气，仿佛任何事都要满足他的愿望，不然就发犟、吵闹！一次洗好澡后，他仍然坐在浴盆里玩水，妈妈考虑到天气已转凉要把他抱起来穿衣，可东东还未尽兴，试了几次后还不肯起来。于是妈妈硬抱起他，没想到“风暴”来了，哭得面色酱红全身是汗，挣扎中几次差一点儿碰伤了头，还惊动了邻居。最后妈妈凑巧给了他一只平时最喜欢的小汽车而立刻止住了哭闹，渐渐入睡。对了，东东还有一个新的习惯，不管大人说什么话，也不管知道不知道是干什么，总是爱加个不字，比如让他吃饭，他就说不吃饭。吃饭是他懂的词汇，可有时东东根本不懂妈妈说的是什么，还是要加个不字，有一天，妈妈跟爸爸说：“现在有许多亲子游戏班，要不也给东东报一个吧。”爸爸还没来得及发表意见，正在旁边玩积木的东东大吼了一声：“不！”吓了妈妈一大跳。妈妈想不通：“我们家孩子小时候挺乖的，怎么现在老和大人对着干呢？甭管你让他干什么事，他说的第一个字就是‘不！’。”

那么，为什么两三岁孩子会有反抗期呢？

首先，这是因为两三岁孩子在动作能力方面的发展。他们身体活动能力已经较强，日常生活中的很多事情都可以自己做。因此他们就渴望扩大独立活动范围，不断尝试去独立完成新的事情。但这些要求往往会受到父母的阻拦和限制，因此就会产生反抗。

其次，这是因为孩子自我意识的发展。原先，孩子还不能区分自己的意愿和别人的意愿。现在，他们已经清楚地知道哪些事情是让“我”做的，哪些事情是“我”想做的。因此，他们就想顽强地表现自己的意志。但是这种表现往往与成人的规范相抵触，于是孩子就会有挫折感，从而导致反抗行为。

第三，这是因为两三岁孩子在许多方面发展得不成熟。两三岁孩子的情绪控制能力还很弱，一旦他们感到不满，就会以直截了当的形式表现出来，比如吵嚷、哭闹等。他们不会像大些的孩子那样用拐弯抹角的方式表达自己的意愿，因此往往被大人认为是故意作对。其实，他们无非是忠实于自己的想法，并非针对某个具体的人。两三岁孩子的思维发展水平也还不高，他们的思维缺乏灵活性，因此常常显得死心眼儿。他们的时间概念还不强，因此哪怕告诉他只等五分钟他也不能忍耐，想做的事情必须立即去做。这些都会导致孩子的反抗行为。

孩子的逆反心理有什么正效应

孩子的逆反心理始终被认为有碍孩子身心健康。其实，逆反心理并非一无是处，它虽有妨碍孩子身心发展的一面，但也有很多正效应。

1. 产生逆反心理是教育弊端的曝光

当前，孩子教育在方式、方法上存在许多问题。比如，许多年轻的父母不了解年龄特点和身心发展水平，对孩子提出的要求过高，让孩子承受的学习任务过重；不知道孩子具有多方面发展的潜能和资质，具有多方面的兴趣和爱好，为孩子过早定向，强制孩子过早地从事长时间的专业训练。也有些父母脾气暴躁，动辄打骂、罚跪、罚站甚至逐之门外；还有一些父母却相反，视自己的孩子为“太阳”，一切以孩子为中心，对孩子百依百顺，本来孩子可以独自很好完成的任务，父母却要唠叨半天，甚至包办代替等等。孩子产生逆反心理，可以说正是这些教育弊端造成的。教养方式和手段违背孩子的天性，自然会引起孩子的抵触、对抗和逆反心理。可见，孩子逆反心理的形成“事出有因”，它在一定程度上敦促人们对幼儿教育作出改进。

2.逆反心理包含有许多积极的心理品质

孩子产生逆反心理，是其天性的自然流露。它从另一方面反映了幼儿自我意识强，好胜心强，勇敢，有闯劲，能求异，能创新。现代社会充满竞争，迫切需要具有创造性思维、能开拓、能进取的人才。因此，父母要善于发现逆反心理中的创造性品质和开拓意识，并合理引导。只要引导得当，逆反心理是能够在现代社会发挥积极作作用的。

3.逆反心理在某种程度上能防止其他一些不良的心理品质的形成

逆反心理强的孩子，在不顺心的情况下，在愤闷、压抑、不满的时候，敢于发泄，他们不会让不愉快的事情长期滞留心中，他们不会让有碍自己身心健康的负情绪长期得不到释放，他们不会有畏缩心理和压抑心理，他们也不会懦弱、保守、逆来顺受。他们以这种形式保持心理平衡，有时也能起到维持身心健康的作用。

因此，父母应善于发现逆反心理中的积极因素，并善加利用，而不应在孩子有逆反心理的时候，一味抱怨、恼火，甚至对孩子实行高压政策。

不妨给孩子异想天开的机会

在孩子的眼里，这个世界充满着神奇、充满着诱惑。在一些成人看来是司空见惯的事情上，他们有着自己的观察角度和思维方式，而这些又往往是以“异想天开”的形式表露出来的。这就需要他们父母的理解和引导，因为别小看这些充满稚气，甚至近乎荒诞的“异想天开”，那里面很可能萌发着惊人的创新幼芽！

小时候的爱迪生可谓“异想天开”到了极点，他对任何事情都爱问个“为什么”，一旦有了疑问，就试着自己去做，不弄懂决不罢休。有一次，他想：为什么青草不能燃烧而干草会燃烧呢？想着想着，就把干草点燃了，结果酿成一场大火。为了想孵出小鸭，他还亲自焐过鸭蛋……对于这些“异想天开”闯下的“祸”，爱迪生的母亲没有横加干涉、粗暴阻止，而是循循诱导，呵护、肯定和支持爱迪生的创新精神。为了便于孩子的“研究”，这位可敬的母亲甚至特地在自家的地窖里开辟了一个小天地，让爱迪生一边学习一边实践，正是由于父母的支持和鼓励，爱迪生终成为一生完成两千多项发明的大发明家。

想象力是人们在感知、记忆的基础上，对已有的知识、经验进行重新组合、创造出新形象的能力，是智力活动的一部分。孩子们常借助想象，对类似的事物进行推断，从而认识新事物，发展他们的创造能力。很可惜，培养孩子的想象力，这一点往往被大人们所忽视。

有人认为，小孩子的想象只不过是不着边际的胡思乱想。这是不对的。爱因斯坦曾说过：“想象力比知识更重要。因为知识是有限的，而想象力概括着世界上的一切，并且是知识的源泉。”孩子们的小脑袋里有五彩缤纷的世界和千奇百怪的事物，他们常常想飞上天空，潜入蚁穴。这种丰富的想象力不仅是打开知识宝库的钥匙，而且对培养孩子的绘画、音乐、文学等才能大有益处。

作为父母，对孩子的“异想天开”不要泼冷水，而应多加鼓励，引导他敢于想他人之未想，做他人之未做，这样，孩子的创新欲望才会被激发出来。

小女孩把蚯蚓带回家饲养观察，或许这正是一位未来的女科学家探索生物成长奥妙的开始！父母要接受孩子的“异想天开”，从孩子不当的行为中发现积极的因素，并正确地加以引导。

不要惊醒“做梦”的孩子

在父母对孩子教育的过程中，父母要认识到梦想对孩子的价值，不要在无意间扼杀了孩子那美好的梦想。**一个有梦想的孩子，他的思维和行动与其他人是不一样的，他们往往会说一些大人不理解的话，或者会做一些令大人不理解的事。**

在爱迪生的小时候，他看见人利用一个气球飞上天，于是他就想：要是人的肚子也充了气，那人就会自由地在天空翱翔了。不久，他就开始做这个试验，他买来一些药物，配好让家里的佣人吃下去。他的目的是让佣人肚子里充满气飞起来，但结果是这个“没用”的佣人吃药后晕死过去了。可喜的是，爱迪生的父母并没有对他的这种做法横加指责，在这种家庭环境下，大发明家爱迪生诞生了。

可在现实中，孩子的一些异想天开的想法，常常会遭到父母的斥责和批评，指责孩子是在撒谎、胡搞或者是在胡说。因此，很多孩子的天赋往往是被父母扼杀了。让孩子能放飞自己的梦想，父母就不要训斥孩子那些千奇百怪的想法，让孩子沉浸在自己的“美梦”里。

一个只有几岁的孩子，在洒满月光的院子里蹦蹦跳跳闹个不停，他的母亲在厨房里做饭，听见声音就问：“孩子，你在外面干什么？”

孩子正玩得起劲，在大声地回答：“妈妈，我正试着跳到月亮上去。”

在厨房里忙得满头大汗的母亲对孩子不着边际的回答并没有反感，而是笑着说：“那好呀，你跳上去后要准时回来吃晚饭呀！”

若干年后，这个孩子真的跳到月球上去了，这个孩子就是美国宇航员阿姆斯特朗。

一个孩子有多大的梦想，他将来就可能有多大的成就；如果孩子没有了梦想，那么他将来一定不会有所成就。如果阿姆斯特朗从小没有梦想，他就不一定能成为登上月球的第一人。父母斥责孩子梦想中的胡说，就像用剪刀剪去鸟的翅膀。所以，如果父母总是对孩子的梦想进行打击，孩子就很难有大的成就。当孩子有了梦想，父母不要以自己的眼光来看待孩子的想法。父母在教育孩子时最好的引导，就是无论孩子做事有多出格，只要是为一个好的梦想，父母就不要用训斥来“惊醒孩子的美梦”。

爱迪生为了做试验，家里常常有着爆炸的危险，但爱迪生的父亲却为孩子这样做感到自豪；莱特兄弟爬到树上，想把月亮摘下来当灯用，结果从树上摔下来。父母知道后，并未像现在的中国父母那样责备他们，而且还给他们洗脸包扎伤口，并对他们说：“月亮没有挂在树上，而是挂在空中，你们可以试着飞到空中去，也许能把它给摘下来。”莱特兄弟和爱迪生的父母没有因为危险而斥责孩子，想反，他们用接受了孩子行为和观点，用鼓励的方式来对待孩子的梦想，因此，这些人都变得很优秀。所以，不要惊醒“做梦”的孩子，孩子的梦想是否有价值，关键是看能否得到大人的认同和鼓励。父母尊重孩子的梦想的话，孩子的内心是阳光灿烂的，于是他们也会保持好的心情去学习，按照自己的梦想去努力。因此，不管孩子的言行是多么荒唐，父母都要珍惜孩子的这份梦想，没有人能肯定孩子不会实现自己的梦想，看到孩子可笑的言行，父母一定要引导孩子，要孩子把梦想永远植在心中，让孩子在梦想中起飞。

让孩子在涂鸦中发挥自己的想象力

你有没有遇见过这样的孩子，家里刚刚粉刷一新，但是孩子总会在干净的墙上面乱涂乱画，把干净的墙面弄得一塌糊涂。很多父母对孩子这样的举动很是恼火，常常禁止孩子这样的涂鸦。

毕加索说过：“每个孩子都是艺术家，如何持续才是挑战。”我们让孩子涂鸦，对孩子进行早期美术教育的主要目的不是培养画家，任何人都无法预料也不能安排孩子未来的职业与爱好。我们唯一能做的是通过一种教育，开发孩子潜在的智力，提高他的艺术修养，为孩子的成长与成才提供最大的可能，真中最重要的就是培养孩子一种优秀的思维方式与超凡的想象力。**让一种优秀的思维从小养成，并在不知不觉中变成本能的意识，才算科学的教育方法。**

有一天，一位爸爸到幼儿园去接孩子。看到孩子正在画飞机，这位爸爸就在旁边看了起来，可看着看着，他总觉得儿子的飞机画得很别扭。

于是就对儿子说：“这样画不对，你看，这个地方应该这样画，那个地方应该那样画……"

可是，儿子却不管不顾，还是自己画自己的。

爸爸在旁边看得着急，于是，不顾儿子愿不愿意，拿起儿子的手画了起来，终于画出了一架他认为很像飞机的飞机。

可是，儿子却哭丧着脸说："爸爸，这是你要的飞机，为什么我就不能画出我想要的飞机呢？"

面对相同的情况，国外年轻父母的处理手法却是迥然不同的。

一个3岁的法国小男孩对画画很感兴趣，他的父母就给他买了很多画笔和画纸，让他自由自在地画画，至于画的是什么，画的怎么样，父母并不加以评说和纠正。

有一天，小男孩费了很长的时间画了一个西红柿，就摇摇罢罢地拿着给爸爸看。

爸爸没有说，而是首先问孩子："儿子，你画的这个是什么呀？"

儿子用稚嫩的话语回答："爸爸，这个是西红柿，我最喜欢吃的。"

可是爸爸看到，儿子给西红柿涂的是紫颜色，而且是像香蕉一样的细长条。可是爸爸并没有说儿子画得不像，也没说儿子涂的颜色不对，而是对小男孩儿说："嗯，画得不错，真有想象力，不过呢？你画的和真实的西红柿有一点点的出入，来，儿子，我们看看真实的西红柿是长什么样子的，然后再来画一个好吗？"

"好的，爸爸，你去拿个西红柿来，我们一块儿画。"

一些父母总是以成人的眼光看孩子画的东西，总觉得自己的眼光是正确的，而孩子的眼光是错误的，总是让孩子按照自己的想法去做事，殊不知，孩子也有自己的想象力，也有自己的心灵世界。而另外一些父母，不管孩子多少，他们都认同孩子的想法，一般不会轻易地对孩子画出的东西进行批评和指正。即使孩子有时画的东西是与现实有很大出入的，他们也会让孩子自己去认识，自己去领悟，而不是手把手地教孩子怎么画。

本世纪的伟大画家毕加索、米罗等人，为了追求更高境界的艺术突破，建立个人的独特风格，转向原始艺术或儿童绘画以寻求摆脱视觉惯性束缚，直达事物核心的灵感。

要做到返璞归真、外敛内收的境界对艺术家来说是那么的不易，可刚拿起画笔的孩子却已经站在原创的高点上，因为幼儿的心灵就像喜马拉雅山那么的纯净，清澈的眼睛可以不受视觉任何的束缚，完全凭直觉涂出艺术家们魂牵梦绕的追求，这是孩子与生俱来的本能。

渐渐地，孩子的那种对美感的敏锐度在丧失，想象的天空也不再那么的蓝。因为孩子们在长大，大人们也逐渐把自己对美的感觉灌输给孩子们，孩子也逐渐看到了世俗的世界，于是他们的思想受到了驾驭，并感觉以前画都是“垃圾”，最后连画画的信心也没了——这就是犯罪！

孩子在“犯错”中消灭错误

人非圣贤，孰能无过？扪心自问，有几个成人敢说自己从来没有犯过错误呢？成人尚且如此，那些年幼无知的孩子，由于自控能力、是非分辨能力、社会经验等的不足，更加容易犯下这样或那样的错误了。

但即便如此，**很多父母却不允许自己的孩子犯错。一旦孩子犯了错误，便揪住不放，不是要把孩子痛打一顿，就是要把孩子痛责一番。他们总是用苛刻的要求来评价自己的孩子，弄得孩子一天到晚小心翼翼，提心吊胆，草木皆兵。**

其实，犯错在一定程度上可以说是孩子们成长中必不可少的要素。只要他们犯的错是可以挽回的，父母就不应该过分地责怪孩子。

对于孩子来说，往往犯错并不是他们故意的，而是无意间犯的错。比如由于他们好奇心强，偷偷地把家里的电器给打开来，结果给弄坏了！这时父母如果采取粗暴的手段处理这件事儿，孩子的求知欲与好奇心就会受到很大的打击。我们在这种情况下，应该加以引导！这样，孩子就会知道今后应该怎么做了。而且他们还会受到更多的鼓励，这样对他们的成长可以说非常有益的！

孩子们的成长不是花环与成绩的累加，而是伴随着犯一个错误，改正一个错误地成长起来的。所以，父母应该站在孩子的角度上，宽容地对待他们的“超越性”，允许孩子犯错误，鼓励孩子个性发展。给他们思想、心灵的腾飞，留有一片广阔的天地，使他们在成长中更多地拥有一份自由的空间。

孩子是在错误中不断进步的，要正确对待孩子的错误，如果因为对孩子的错误不能容忍而加以指责的话，孩子可能会变得没有自信。允许孩子犯错，保住了她可贵的学习动机和积极性，也保住了她的自尊，实际上是给她以继续求知探索的鼓励，让她放心地发挥她的创意和潜能。孩子由于拥有的知识不够丰富，加上逻辑思考能力不成熟，因此常常无法做出正确判断。但随着身心成长及知识增加，孩子也将拥有做出正确决定的能力。在这个过程中，经验的累积很重要，也就是孩子必须有机会练习如何做决定。但在练习的过程中一定会发生做出错误判断的情况，这些错误的经验将是孩子做出正确决定的基础。

犯错误是上帝给孩子们的权利。正像曾经迷过路的孩子再也不敢忘记回家的路一样，往往只有犯过“错误”才能消灭错误，走向成熟，迈向成功。

当然，并非一定要鼓励孩子去犯错。顺其自然比较好。

犯错也需要有一定的心理抗挫能力，没有心理抗挫能力的孩子，可能也不敢犯错。研究发现，具有创造性思维的人，犯错的机会要多一些，错误也要大一些。发明家爱迪生小时候在化学试验中，曾把一个小试验室炸翻。可以说，敢犯错误的人都会是一些有希望的人，关键是犯错的时机要把握好，在该犯错误的年龄犯些必要的错误。小孩子如果犯了大错（面临学校除名，伤人损物造成巨大的赔偿，离家出走等），就成了孩子人格发展的危机，父母有时也不得不陷入其中，来帮助孩子承担部分责任。

要让孩子不犯大错，必须让孩子从犯小错中学会预见行为的后果。那么，明知孩子的行为会失败，会犯错，父母是任其下去，还是要制止呢？这要看犯错的责任孩子是否能承受，如果不能承受，帮助他预见后果是重要的，也就是说，不让他犯不该犯的错。

孩子的犯错就像在学习中遇到难题，父母需要像老师解题一样帮助孩子去分析。

首先是行为的动机。如果动机是好的，先表扬他，以减低孩子的焦虑；再看方法对不对，方法不错，或部分不错，肯定他，让他知道部分行为还是被认同的；最后看结果如何，错误怎样形成。孩子也许开始以为自己是对的。父母需要告诉他，任何行为不仅要满足自己的需要，还需要别人的认同；要得到认同，就要遵守共同的规则，从告诉他通常有哪些处事的规则。通过这样的教导，孩子会从犯错中学到很多好的东西，同样的错误也不会一犯再犯。只要提醒孩子不要总犯同样的错误，或不要去犯无意义的、低级的错误，就尽到了做父母的责任。

第05辑

拿什么矫正孩子的不良心理

学会消除学生的焦虑心理

焦虑是一种伴随某种不祥的事件即将发生的预感而产生的令人不愉快的情感，严重的焦虑表现为恐惧不安。心理学家曾经做过实验：如果把健康的兔子放在老虎旁边，无论如何照料兔子，兔子在恐惧心理影响下总会不久即死去，这种恐惧心理被心理学家称为“虎兔效应”。

据调查，目前我国有很大一部分学生存在焦虑心理。就像上述的兔子一样，学生的焦虑心理也是来自不祥预感而产生的不愉快情感，从而使学生的学习和健康成长受到严重负面影响。学习焦虑情绪可以分为两种：

1.性格性焦虑

即由于性格不良因素导致学生遇到任何事都容易产生焦虑情绪。

2.情境性暂时焦虑

即学生认为很重要的事情即将发生时出现的焦虑。如开学前的担心、作业检查前的不安、考试前的紧张等，都是学习焦虑的表现。情景性暂时焦虑是在特定的情境下产生的，会因条件的改变而形成或消失。

中学生的学习焦虑大多数属于第二种情况。

存在学习焦虑心理的学生，会不同程度地出现烦躁不安、心神不定、心慌头昏等症状，甚至一见书本、一进课堂就感到头痛心慌。学习焦虑是因学习而产生，又反过来直接影响学习过程和学习成绩。焦虑学生害怕和讨厌学习，遇到学习困难就很容易放弃，因而在学习过程中对知识和方法的掌握水平低、不牢固，导致学习成绩逐步下降。不仅如此，学习焦虑还会影响学生原有水平的发挥，表现为考试焦虑。如一些学生考试前异常紧张，吃不好、睡不着，考试时大脑空白、浑身冒汗，会做的题也做不出，考试成绩自然一团糟。

据调查，有学习焦虑心理的学生大多数是学习中等生和少数优等生。对于中等生，一方面他们担心沦为后进生、被人瞧不起而有强烈的学习愿望，另一方面又因焦虑心理而无法克服学习困难而很好地完成学习任务。少数优等生总想学习领先，总担心因考不好而影响在老师、同学及父母心中的地位，导致在学习中对考分患得患失、焦虑不已，结果越急越学不好。

另外，学习焦虑会使学生产生心理障碍，直接影响到健康心理的形成。心理不健康的学生人际关系不好，心理耐挫力差，对文娱、体育等方面也不容易产生兴趣。总之，学习焦虑会阻碍学生的全面发展。

学习焦虑，这种心理状况在学生中间或多或少地存在着，其中不乏成绩优秀的学生，只是轻重程度不一而已，究其原因是他们对自己学习现状的不满和不恰当的期望和比较，不能接受自己的现状，过分追求完美和注意结果，注重浅层次的攀比，以己之短处比他人之长处，体会不到学习的真正意义。有个别学生因承受不了学习压力，会产生恐惧症、厌学症，出现逃学，装病现象。因此，老师、学生及父母应正视学习焦虑所带来的负面影响，努力做好学生的心理疏导、减缓压力、焦虑，使学生健康成长。

首先，要纠正认识偏差。学习是一个过程，知识积累、能力提高要有一定的积累过程，从量高到质高，欲速则不达。因此，首先要做好眼前的事，注意学习过程，不要过分注重结果，要登上高山，最重要的是登好每级台阶，要相信“功到自然成”、“水到渠成”。

调整自我期待水平。确定适当的奋斗目标，认真客观分析学习状况、知识掌握程度、各科的优劣势，在年级、班级所处的位置，根据这一分析，务实地定一个目标，调整自我期待水平，保持一颗平常心，因为各人的实际情况不同，不要去注意别人如何，自己的现在与自己过去比有进步即可。

扬长避短，树立自信。人总是有长短处，优缺点，要肯定自己的长处优点，也要接纳自己的不足并设法改之，不要把别人看得十全十美，不要因为自己某一方面的不足而怀疑自己，否定自己，而要发挥自身优势，使好的更好，对不足之处，下功夫解决，可借助外界力量帮助解决，如老师、父母、同学，要坚信办法总比困难多。

其次，要进行学习心理、学习方法指导。帮助指导制订学习计划，把宏伟目标与近期目标相结合，长计划、短安排，近期目标要尽量详尽、尽量充实、尽量量化，具有很强的可操作性，如每天的任务要明确。每天小步伐前进，体验成功感，促进自我效能感。

要积极的自我暗示，相信自己有能力做好，向诱惑说“不”，如玩电脑、看电视等。主动请求父母、老师监督计划的落实情况。

最后，要适当做些心理训练。帮助学生掌握一定的调节情绪的方法，使他们能够运用意念控制、调整呼吸等一些方法松弛躯体，调节情绪，转移注意力，提高记忆力，缓解神经过度兴奋，以达到调整心理的目的。

学校恐惧症：拯救躯体化心理失调

所谓躯体化，就是说人心理上的失调反应在了身体上。除了上述案例的情况外，学生的躯体化症状还多出现在考试前。比如，很多学生平时身体不错，可一到考试就拉肚子，吃什么药也不管用，等考试完就什么事都没有了；有的学生在考试前不停地上厕所，尿频尿急；等等。

案例一：一名小女孩叫小琳，今年七岁，马上就要读小学二年级了。眼见就要开学了，小琳却莫名其妙地全身上下不舒服。父母以为她生病了，送到医院诊治，医生却建议小琳去看心理医生。心理医生通过仔细询问解开了谜团。原来小琳因为上学期期末考试考得不好，担心开学后被老师批评、同学笑话，因此害怕开学去学校，慢慢引发了情绪障碍，进而产生了浑身上下不舒服的躯体化症状。

案例二：一名三年级小学生进课堂就心慌气短，经常昏倒，不得不断断续续请假。父母心急如焚，以为他得了什么脑病，于是带孩子求医。可医生经过检查，并未发现什么身体异常。后来经精神分析医生诊断，原来他得了“学校恐惧症”。医生说，这样的学生一谈到学校、课本、老师，一面对课堂、同学，就会心生恐惧，心理恐惧又躯体化，导致出现头晕、恶心、抽搐或者昏厥等生理反应，甚至行为反常。

心理问题躯体化，会严重影响学生的学习成绩，损害学生的身体健康。上述问题，很多父母以及学生本身都不了解来由。他们通常以为是简单的身体不舒服，不知道是深层心理问题的躯体化表现，因此往往只是头痛医头、脚痛治脚。很明显这样只会暂时缓解症状，不会根治。

对于父母，正确的做法应该是在调节孩子的心理状态上下功夫，把孩子从心理不平衡调节到心理平衡，从过度紧张调节到适度紧张，帮助孩子克服厌学和学习恐惧情绪，那么躯体化症状就会逐渐消失。上面提到的“学校恐惧症”是导致身体不适的重要原因。对这样的孩子如不及时进行疏导治疗，耽误孩子的学习不说，还会渐渐使孩子形成自信心不足、遇到问题逃避、对人对事过于敏感、人际交往中总是防御戒备等具有明显缺陷的性格特点。治疗“学校恐惧症”主要有四种方法：

1.家庭治疗法

父母要改变过于溺爱孩子的教育方式，与孩子进行更多的感情交流。如果父母本身存在心理问题，则要首先治疗自己。

2.暴露疗法

采取一切办法强制害怕去学校的孩子留在学校。这种办法特别适用于上学不久的小朋友，但要注意配套的安全措施。

3.支持性心理疗法

对患儿加以疏导、鼓励，耐心询问孩子的担心与焦虑，向他做出解释和指导，设法改善环境条件。

4．系统脱敏疗法

父母和学校积极配合，有计划地使孩子减轻对学校的恐惧心理。刚开始的时候可以让孩子在校时间待短一点，以后逐渐延长。

对于有躯体化心理健康问题的学生自己来说，首先要正确认识问题的来由和严重性，要认真对待，但不要过于紧张。平时要注意自己的心理卫生，要像对待身体健康一样对待心理健康，要主动寻求父母和老师的帮助，研究躯体化问题的根由，找出应对方法，逐步解决问题。实在不行时，要及时找心理医生咨询。身体不适没有了，学生的学习质量、考试成绩自然会有一定程度的提高。

如何缓解“开学前综合症”

“开学前综合症”是指一些学生经过长时间的放假后而接受不了开学后的忙碌状态。这种情况一般是因为学生在放假时期保持没有规律或者太过悠闲的生活状态，所以无法接受开学后的时间安排。

那么，该如何尽快从“放假”转变到“学习”的状态中来呢？教育和心理专家开出了以下几剂良方：

1. 正面引导，收心勿急刹车

在开学前几天，不少学生又开心又难熬。开心是可以回到学校和同学见面，难熬是父母总喜欢给自己定下很多学习目标，让学生们对新学期掺杂了一些担忧。专家认为，孩子经过假期休息，很多方面都处于松弛状态，如果突然给他们过多的压力，容易导致孩子情绪低落、萎靡不振，甚至有抵触情绪；父母应正面引导孩子正确对待开学，唤起对校园生活和同学友情的向往，不要总是对孩子说“开学了，收心啦”之类的警告。

2.心理按摩，消除畏难情绪

开学后，不少孩子存在惧怕、逃避的心理，表现出慵懒、茶饭不思的消极“症状”。这是孩子普遍存在的对新学期的畏难情绪，尤其是孩子仍处在假期长假的热闹中，突然要“冷处理”迎接开学，大反差下会抗拒或不合作。专家建议，父母可对孩子配备一些健康情绪的“甜言蜜语”，例如激发他们对新知识的兴趣和好奇，引导孩子进入新角色，告知其许多未完成的事可以等待下一个假期等。

3.合理安排，制订学习计划

要使“开学综合症”早日缓解，学生不妨多参加学校组织的各项活动，多进行体育锻炼，使身心都很健康；多与同学们有意识地交流学习上的问题，谈谈校园里的开心事，无论从行动上还是在心理上都尽快地融入到集体生活中来。同时，可以根据课程表的安排，给自己制订一份科学的学习计划和作息时间表，调整适宜的心态等方式。专家提醒，开学后，父母要保持和老师的密切联系，对于已经出现了不良症状的孩子，老师和父母要及时疏导，通过与孩子的交流，来减轻其内心的压力，迅速进入学习生活状态。

拿什么戒除孩子的虚荣心

孩子虚荣心形成的原因主要来自家庭。由于现代的家庭孩子少，父母总怕孩子受委屈，于是对孩子总是有求必应。自己孩子穿的、戴的都不能比别的孩子差，别人的孩子买什么咱家的孩子也得买，决不能让人家比下去。于是在父母无意识的纵容下，孩子的欲望无限地膨胀。另外，独生子女的父母从溺爱孩子出发，总是爱讲孩子的优点，掩盖他们的缺点，甚至在亲朋好友面前经常夸耀自己的孩子，孩子听到的都是赞美的声音，很少有人指出他的缺点，而父母往往对别的孩子妄加指责。由于孩子对自己客观评价的能力还很差，父母具有绝对权威性，慢慢地，孩子就从父母心中的“十全十美”变成自己心中的“十全十美”，再也容忍不了别人超越自己。

孩子的虚荣心理，常表现为下列几种攀比行为：

1. 比美

如挑新衣服穿，看见别人穿了件新衣服，一定要买件漂亮的；穿了双新鞋会时时把脚伸给别人看。

2. 比富

夸耀自己家的“空调”、“音响”，自己和爸爸“乘飞机、住宾馆”等等。

3. 比“能”

以“神童”自诩，认为自己什么都会。常说：“这有啥稀奇，我会算几百加几百呢！”爱听表扬、受不了批评，只能赢、不能输，否则大哭大闹，失去心理平衡。

究其原因，大致有两个方面：

1. 孩子自我认识能力差，不能客观评价自己

幼儿时期，许多孩子往往过高评价自己，以为自己什么都比别人强，这是孩子自我意识发展中的常见现象。

2. 成人教育方法不当

认为只有一个孩子，又有经济承受能力，所以舍得买高档玩具、流行服装。有些父母不注意孩子的修养和教育，喜欢在吃穿打扮、玩具图书等方面与他人攀比，甚至给孩子大把零花钱以显示自己的富有和与众不同。父母对孩子一味“吹高”“捧高”，让孩子在一片赞扬声中长大，从不受任何挫折。

当父母发现孩子有过强的虚荣心时，千万不要急躁，空口说教或者以命令的形式禁止都是无法从根本上解决问题的，父母应采取必要的方法加以纠正。

父母应以身作则，不要同别人攀比，以免孩子模仿。父母是孩子的第一任

老师，一言一行都会影响孩子，因此，父母应以身作则，为孩子树立榜样。

父母要注意孩子的心态变化，多给孩子讲道理。要让孩子知道，与别人攀比，拥有名牌衣物，并不意味着拥有了较高的地位，只有依靠自己的努力取得成功，才能获得别人的尊重。教孩子根据自己的需要买东西，让孩子学会理性消费，可以把家中的收入支出讲给孩子听。

父母要创造机会，让孩子通过自己的劳动获得想要的东西。如果孩子的要求是合理的，那么父母可以为孩子创造机会，让孩子用靠自己的劳动挣来的钱购买所需要的东西。比如在孩子力所能及的情况下，分担一些家务，然后从中取得报酬。

父母要客观地评价自己的孩子。父母不能过分夸大自己孩子的优点，也不要掩盖孩子的缺点。对那些符合道德规范的行为，父母应给予适度地表扬。对于孩子的缺点要及时指出，帮助分析原因，并鼓励他逐渐克服。

要消除孩子过强的虚荣心不是一朝一夕就可以完成的，父母只有以自己的言行在生活中一点一滴地给孩子做出正确地示范，并且通过恰当的机会让他感受到虚荣心过强所带来的烦恼和痛苦，从而自觉地意识到虚荣心过强是不利于自己成长的。

帮助孩子克服“社交恐惧症”

社交恐怖症通常起病于青少年期，男女都可能出现。孩子渴望友谊，希望广交朋友，但有些孩子一到具体交往时，如找人交谈、或者别人与自己打交道，就出现了恐惧反应。表现在不敢见人，遇生人面红耳赤，神经处于一种非常紧张的状态，这就是社交恐惧症。它往往会泛化，严重者拒绝与任何人发生社交关系，把自己孤立起来，对日常工作学习造成极大妨碍。

社交恐惧症是后天形成的条件（制约）反应，是经过学习过程而建立起来的。分为两种情况：一是“直接经验”。有道是“一朝被蛇咬，十年怕井绳”。孩子在交往过程中屡遭挫折、失败，就会形成一种心理上的打击或“威胁”，在情绪上产生种种不愉快的甚至痛苦的体验，久而久之，就会不自觉地形成一种紧张、不安、焦急、忧虑、恐惧等情绪状态。这种状态定型下来，形成固定心理结构，于是他在以后遇到新的类似刺激情境时，便会旧病发作，心生恐惧感。二是“间接经验”，即“社会学习”。如看到别人或听到别人在某种交往情境中遭受挫折，陷入窘境，或受到难堪的讥笑、拒绝，自己就会感到痛苦、羞耻、害怕。甚至通过电影、电视、小说、广播、报刊等途径也可以学到这种经验。他们会不自觉地依据间接经验，来预测自己会在特定社交场合遭受令人难堪的对待，于是紧张不安，焦虑恐惧。这种情绪状态的泛化，导致了社交恐惧症。

当孩子患有社交恐惧症时，父母应尝试着让孩子自己做以下尝试：

1.积极的自我暗示

每天睡觉前和起床后，对自己说20遍“我接纳自己，我相信自己！”

通过这种积极的自我心理暗示，逐步改变我们心里以前对自己的否定观念，学会接纳自己，培养自己的信心。

2.系统脱敏训练

改变是不大可能一步就到位的，它是一个渐进的过程，我们需要一步一步地来战胜自己的紧张心理。

先为自己设立一系列的行为目标，比如说10个自己以往紧张的交际场景，然后再根据自己的情况，将其按由易到难的顺序来排列。这样由易到难地去进行一项一项的社交实践训练，每一项练到很轻松自如了，就可以进入下一项的练习。

要相信，人的能力是在实践活动中经过锻炼而逐渐培养发展起来的，社交能力也是如此。

3.镜子技巧

每天拿10分钟左右的时间，站到镜子前面，看着镜中自己的眼睛，对自己大声说道：“我相信自己可以轻松自如地与别人交往！”“我相信自己一定能成功地改变！”如此反复多遍，要细细地体验自己内心所发生的变化，感觉一下自己是否相信这句话。

4. 放松入静训练

找一个安静没有人打扰的地方，舒适地坐下来，闭上眼睛，想象自己来到一个青山环绕、绿树成荫的幽静地方，心境变得平和起来。现在开始放松，从头部、颈部、手臂、胸部、腹部、背部、臀部、大腿、小腿、脚部依次想象变松变软……每天至少做一次，通过经常这样的练习，能帮助我们控制自己的身体，有助于克服紧张的反应。

5. 阅读伟人传记

尝试着看一些名人伟人的传记，用他们的成长和成功经历来激励自己，使自己树立起愿意改变的勇气和信心，同时，看过这些伟人的事迹后，还能起到偶像的作用，我们可能会潜在地模仿他们的一些积极的思想和行为（比如，海伦•凯勒、林肯、福特、诺贝尔、拿破仑等的传记）。

6. 学习人际交往技巧

查看一些关于人际交往和口才技巧方面的杂志和书籍，多学习别人的人际交往的经验，来提高自己的交际能力，这样，有助于帮助我们树立起与他人交往的信心。

对于预防和治疗孩子的“社交恐惧症”，除了上述这些方法外，有关教育专家还提出了以下建议：

第一，为孩子营造一个良好的家庭环境。“社交恐惧症”的产生，绝大部分与父母的不恰当教育有关。父母过分溺爱娇纵孩子，在家里总是让孩子有求必应，养成孩子以自我为中心，经不起任何挫折，以及父母过分严厉，不让孩子有自己的想法是造成这种疾病的主要根源。

父母从小培养孩子的独立、与人和谐交往的意识，是有效预防“社交恐惧症”的关键。

第二，学校应该对学生进行适当的引导。首先有必要开设心理学课程，教育孩子在遇到问题时该怎样处理。同时给每个学生平等参与社交活动的机会，让每个孩子都能够得到锻炼。

第三，万一得了“社交恐惧症”，应该尽快就医，只要加以心理治疗和适当的药物治疗，绝大部分患者是可以康复的。

让孩子远离自卑心理

孩子有了自卑、抑郁的心理，如果得不到及时的纠正，不仅有碍于孩子的健康成长，在孩子长大后会因为这些不良的情绪而影响到自己未来的家庭。要改变孩子的这种坏的心理状况，最忌讳的就是用批评、斥责的语言，父母要随时随地用语言鼓励孩子去做一些事，成功了，就多加赞赏；即使不成功，也要想方设法使孩子对失败感觉不到太大的压力。在做事的过程中多找孩子的优点，使孩子有信心面对事情，这样才能充分发掘孩子的优势和潜能。

美国加州大学的哲学博士詹姆斯•多伯森在审视家庭教育时指出：**“当一个人的行为得到满意的结果时，这种行为就会重复出现。”这就要求我们在矫正孩子的自卑、抑郁的心理时，要多给孩子以赞赏，孩子也就会慢慢地有胆量面对困难，孩子有信心了，“胆子”就会大起来，做事就会有主见，一个能干的孩子就会出现在你的面前。**

有一个孩子刘能武，他的学习成绩还不错，但刘能武的胆子很小，最大的问题是上课极少主动发言，做事情也是畏畏缩缩的。在学校里，老师曾试图改变他的这种自卑胆小的状况，老师就叫刘能武当副班长，负责班里的卫生工作，可刘能武死活不肯。老师要求急了，他就流起眼泪来。在家里，妈妈就是叫他接一下电话，他也会拿着话筒不说话，即使说了，声音也小得很。这个孩子在家里也不太多话，看起来也是很懦弱的一个人。父母对于自己的孩子的状况已经束手无策了。

如果要改正孩子的这种状况，就要知道造成孩子这种心理的原因。那么，究竟是什么造成了这个孩子的自卑心理呢？

原来。这个孩子自幼多病，他的母亲用含着泪水的眼睛看着他长大，母亲觉得自己为孩子付出的太多了，因此，母亲对孩子抱有很大的期望，这就使母亲对孩子的要求非常严格，母亲不允许孩子做错事，不允许孩子贪玩，更不允许孩子学习成绩落在别人之后。母亲完全用一个完美的标准来要求孩子，只有在孩子表现得非常优秀时，母亲才会感到满意，如果孩子表现得不好，母亲就很生气，就用打骂、挖苦、吓唬的手段来“教育”孩子。

这位母亲对孩子的期望比一般家庭的母亲高，她认为对孩子高要求，孩子也会有大的进步，获取的成就也就会高。母亲在教育孩子时带有强烈的期望，对孩子的不断要求，这就给了孩子相当大的压力，这种影响慢慢地会使孩子在无意中学会追求完美，给自己定一个高标准。如果自己不能达到父母的期望，他们不会责怪父母高压政策下的打骂逼迫，而是把失败归咎于自己，认为自己努力不够或者是自己的能力不行，产生了处处不如人的自卑感。

找到了孩子自卑、抑郁心理的根源，再加上正确的教育方式、方法，就能够帮助孩子从不健康的心理状态中走出来。这位母亲认识到，要改变母亲与儿子之间的关系：平等地对待孩子，尊重孩子，与孩子友好相处。这位母亲要把孩子看成是和自己平等的人，允许有缺点，允许犯错误，允许孩子失败。这位母亲知道，只有改变了自己看待孩子的观念，她才能客观、公正地看待孩子。母亲的这种改变，使孩子渐渐乐于亲近母亲了，在家里变得爱说话了。

孩子有很多特长，为了让孩子更好地发挥特长和爱好，母亲鼓励孩子去一些自己感兴趣的学习班学习。母亲还带孩子去郊游，在欣赏大自然的美景的同时，母亲和孩子也加深了交流……这些活动充实了孩子的生活，同时又让孩子在一次次的快乐中找到了自我，并逐渐抛弃了自卑、抑郁的心理。

在孩子身上发现有自卑、抑郁的心理后，母亲能及时认识到教育方法不当是造成孩子自卑心理的主要原因，从而树立了正确的教育观念，她尊重孩子，与孩子平等相处，并采用有针对性的办法帮助孩子，这才使她的孩子从自卑、抑郁的泥潭中走了出来。

不妨给抑郁的孩子多洗脑

抑郁是一种较持久的、忧伤的情绪体验，并伴有躯体不适和睡眠障碍等问题。抑郁多发生于青少年期，一般女孩多于男孩。孩子抑郁情绪主要表现为：由于在学校发生过一些矛盾，深感环境的压力；经常心烦意乱、郁郁寡欢；经常逃学或者要求父母为其调换学校；情绪低落，对一些原来喜爱的事情失去兴趣，对生活或学习提不起精神；不整理自己的东西，不关注自己的仪表；对于某次考试成绩提高无喜悦之情，甚至会感到忧伤和痛苦；有厌学情绪，学习时注意力不集中、容易疲劳，学习成绩明显下降；失眠、头晕、胸闷，身体感觉异常，特别注意自己的身体；女学生异常脆弱，常不知为何就哭哭啼啼；男学生异常警觉，认为有人在监视或谩骂自己及家人；不与父母交流，无论父母说的对否，都在默默抵触或发脾气；情况严重时，会出现自杀意识和行为。

孩子的抑郁心理是如何造成的呢？原因复杂多样，如学习压力过大、被同伴孤立、家庭不和睦、有抑郁家人等都属此列。孩子抑郁情绪形成的原因往往各有不同，有的是长期受不良情绪的影响；有的是他对一些事情的理解存在着偏差，当这些偏差经过长时间的强化以后，在他脑海里根深蒂固地保留了下来；还有的是自己生活的环境、情感上突然有很大的起伏，这种突然的刺激一下子推翻了孩子原有对世界的认知，这样他就会走向抑郁的泥潭。杨帆的哭诉，使他的父母了解了孩子许多内心的想法和感受，这种深藏在孩子内心的不合理理念，正是他抑郁的根源所在，也就是教育者要将它推翻的。

杨帆是一个15岁的少年，在以优异成绩考到了省级重点高中后，他却反复对父母说自己“不想上学”。他常常莫名其妙地有头疼、胸闷、厌食等不适应症状；他发脾气时就在家的墙上乱涂乱画，还用毛笔写大大的“忍”字，扔的满屋都是。这样的喜怒无常，使他对任何事物都无兴趣，情绪也非常低落，总想回到原来的初中。

杨帆的表现是显著的抑郁症状，这种抑郁心理的形成是有原因的：

杨帆的父亲和母亲不是一对和睦的夫妻，在他孩童时期父母就经常争吵，母亲还因生活负担重，心情不好，把气发在杨帆身上。这些使杨帆对环境非常敏感，使他在面对新的环境时缺少情感的依附，他更没有学会如何正确对待焦虑和冲突的方法，因父母而营造的紧张环境在孩子的潜意识中留下了深深的烙印。

进入重点高中后，他不能在同学中表现得很优秀了，这就加重了他内心的无奈，这样就在他的内心导出幼年父母争吵时的阴影，于是孩子就选择逃避和发泄情绪来避免自己的继续受挫。

杨帆的父母关系虽然随着家里经济条件的好转而好转，但杨帆的这种状况却给家里带来新的阴影。他的父母走访咨询了很多心理专家，终于制订出了一套完备的治疗方案。

父母委托孩子初中的班主任去了解孩子现在内心的想法，因为最先伤害孩子的是父母，这使孩子在父母面前就不会敞开心扉。初中的班主任是杨帆喜爱的老师，孩子已经把他当作了他的好朋友，所以对他无话不谈。

原来，高中的老师课讲得太快，往往是杨帆还没有听明白就过去了。初中时杨帆是全班第一名，现在成绩在班里中游都困难。每当看到其他同学学习时杨帆就很着急，于是也拼命学，可就是不见效果。杨帆自己反而有无法解释的想哭举动，于是杨帆常坐着发呆，在家经常乱发脾气。功课因此落下了许多，时间又浪费了那么多，杨帆就觉得自己很笨。杨帆说着说着又哭了起来："我好怀念初中的生活。现在我的成绩不好了，父母又唠叨我，我很难过。怕到学校去，怕考试，我该怎么办？"

针对杨帆要做的是，要使孩子在心理上淡化的是："考试没考好是因为自己没用，自己笨"；要在孩子心理强化的是："我有很多的优点，即使我笨，也可以笨鸟先飞。"使杨帆明白，正是这些不合理信念导致他情绪上的沮丧和无望，以至自己在学校时很紧张。一次考试失利，不能证明永远都考不好，只要发现学习上的不足，并加以改正，成绩就可以提高。他认识到：

（1）自己身上也有许多别人不具备的优点；

（2）我并不比别人差；

（3）只要我尽了力，任何结果都可以接受；

（4）考不上大学也未必就没有好工作，就不能成才。

……

这样，两个月过后，杨帆的情绪渐趋稳定，能够在校园进行正常学习，性格较前开朗、活泼，与家人关系相处融洽，谈话时有说有笑。

全面了解杨帆的情况，与杨帆共情、同感、取得其信任，是辅导治疗的关键。给孩子构建新的认知过程并非一蹴而就，是父母全力支持孩子利用自己头脑思维并改进的过程，是孩子重塑自我的过程。在行为问题的矫正中，仅靠孩子构建新的认知是不够的，父母必须给孩子一些实用技巧的指导。

因此，对于孩子抑郁的治疗，首先要想办法使孩子在心理上推翻原有的认知，再根据个体的实际情况帮助孩子构建新的认知。**当你构建的那种认知开始进入孩子心理的时候，你再用事例或话语激励孩子，以此来强化孩子新的认知，这是矫正孩子抑郁心理成功的关键所在。**需要注意的是，有的学生意识到自己得了抑郁症，想求助于心理医生，可很多父母不信孩子心理有病，并且认为找心理医生是丢面子的事，因而加以阻拦，贻误了治疗时机。

教会孩子克服攀比的心态

攀比是很多孩子共有的特点，攀比有它的两面性，一是它能加强孩子的上进心。当孩子在一些优点上与人攀比时，这能促使孩子进步，比如，孩子间在学习上的你追我赶，这就有利于孩子学习成绩的提高。另一个是它又能使孩子的缺点恶化。当孩子在一些不好的习气中与人攀比时，这能使孩子的缺点膨胀，能给孩子的成长带来很多问题，比如，孩子间在穿着上争时髦，在家境上比贫富等，这会影响孩子的日常生活，甚至会给孩子带来人格的缺陷。因此，不要让孩子学会攀比，对于喜欢攀比的孩子，要让他认识其中的害处，改变孩子攀比的虚荣心理。

但是，不让孩子有盲目攀比的心态，这是父母从小教育得当的结果。一位母亲带着孩子散步，在一个卖牛肉面的小摊子边，孩子看见卖面的小贩娴熟地将十几个砂锅摆到炉子上，把酱油、盐、味精放进砂锅里，一个砂锅还放一点面，刹那之间就做好了十几碗，而且还一边煮面一边与顾客聊着天。这时，孩子突然抬起头来说："妈妈，我猜如果你和卖面的比赛卖面，你一定输!"

对于孩子突如其来的谈话，母亲莞尔一笑，并且立即坦然承认，自己一定输给那个卖面的人。母亲还说："不只是会输，而且会输得很惨，我在这世界是会输给很多人的。"

这个母亲的回答是恰当的，可能换成另一母亲会说：

"那不一定，我只要干个几年，我会跟他一样好。"母亲的本意可能是告诉孩子，什么事情都是可以通过练习得来的，但她忽视了孩子问话的本来意图：妈妈和卖面的谁更强？妈妈这样回答，给孩子的信息是：妈妈比卖面的差，但妈妈不会勇敢地去承认的。这样，在孩子的心理，也就会在今后模仿大人，不愿去承认别人的优点。不去承认别人的优点的人，也就不会去承认自己的不足——这些正是孩子爱攀比的开始。

但这一位母亲还说了一句："不只会输，而且会输得很惨。我在这世界是会输给很多人的。"对于孩子来说是母亲告诉孩子：不如人很正常，承认也不足为耻。

可能有人会问，这样的教育使孩子不会有上进心的。其实我们不要担心，因为学校里的教育者整天都在激励孩子上进，孩子缺乏的正是对上进的正确认识。如果孩子上进心太强，而在现实生活中得不到实现，这样就会造成孩子攀比，就会造成"死爱面子活受罪"的状况。不要让孩子盲目攀比，要让孩子对自己的长短有一颗平常心，父母对孩子这种平常心的培育，是利用生活中的一些小事慢慢来影响孩子，这就是对孩子的引导作用。

因此，我们要教育孩子，没有必要处处都要比过他人，因为每一个人都有自己的优势，要敢于承认自己的不足，要敢于对自己不会做的事、不能做的事说"不"。这样，就会使孩子健康快乐地成长。对于孩子已出现的不良攀比苗头，要根据不同的情况找出不同的对策。

阿敏是一个14岁的女孩子，活泼可爱。最近母亲发现，孩子喜欢把自己打扮得很妖艳，每天她会早早地起床，在打扮上花很长的时间。在孩子的书包里，装着一面小镜子，一有时间她就会拿出镜子端详自己。学校老师反映，阿敏在和几个孩子比穿着，把心思全放在打扮上了，现在的穿着一点都不像一个学生。造成孩子盲目攀比心理的一个重要原因就是虚荣心，虚荣心导致孩子去追求华而不实的事物。克服虚荣心就是从思想上斩断孩子盲目攀比、炫耀的根源，这是让孩子克服攀比的着手点。

于是，阿敏的父母找了一些有关人穿着的正反面的例子，并对这些例子进行客观地评价，把这种评价当成生活中很随意的谈话，交谈的对象不一定非要是阿敏，但一定要使她听见。

阿敏的父母常常这样说：

"大家都说隔壁小文穿的好，今天遇见她，看她穿的还真是不错！"

这是一个正面的例子，父母给阿敏的这个信息所带来的结果是：她会去观察小文，把自己与小文对比，既然大家都说小文好，孩子就会在不自觉中向小文学习。同样地，在不经意中父母还让孩子多听这样的话："在电视上这个女孩打扮的太妖艳，我的同事都非常讨厌这个形象。""阿敏，今天王阿姨看见我说，看你没带耳环，她说你是这个楼里最漂亮的女孩，说得我高兴死了。""阿敏，你还是把头发扎起来吧，这样看起来你更精神。""穿的简单，看起来就很精神。"——这样的话说多了，孩子就会意识到，人们更认同的是自己哪种打扮，自己没有必要非得和班里同学那样打扮自己。慢慢地阿敏的打扮就会趋于正常化，好打扮的攀比心理改过来了，她平时的一些其它与打扮有关的举动也就随之不存在了，父母就得到了克制孩子攀比心理的效果。

喜欢盲目攀比的孩子，在生活中总会很爱虚荣，做事时一切以面子为重，这样爱虚荣的孩子，在成才道路上常带有很大的束缚。教育孩子时父母要知道："没有失败的孩子，只有失败的父母！"作为父母，只有正确引导孩子，教育孩子实实在在地对待生活，这才能使孩子从攀比中挣脱出来。

耐心是这样"炼"成的

在孩子的身上，我们常会看到这样的现象，就是当一件新鲜的事物出现在他面前时，他马上会变得很兴奋，一副跃跃欲试的样子，当让他们去从事这件事情，开始的时候他们还干劲十足，可过不了多长时间，随着热情慢慢冷却，继续做下去的兴趣就一点不剩了，最后终于把这件未完成的事情抛在了脑后。平时常听到一些父母如此抱怨自己的孩子：“我这孩子挺聪明的，就是做什么事都没有耐性，总是三分钟的热度，没有一件事最后能做完的，都是虎头蛇尾，半途而废。”

事实上的确是这样，好动是每一个孩子的天性，让他们静下心来去做一件事情，总会显得很难。因此，就摆在父母面前一个难题，那便是如何在不扼杀孩子天性的基础上培养他们的耐心。依据儿童心理发展的观点来看，孩子的耐心与他的注意力有很大联系。孩子由于身心发展上的限制，他并不善于对自己的注意力加以控制，再加上孩子注意力的稳定性较差、易分心等，致使他们不能专注于某一事物，因此耐心也就不易培养。针对孩子的这种情况，父母要明确一点，孩子做事是否有头有尾、有始有终，这属于他心理活动中的意志品质问题。因此，在日常生活中父母可以从不同的角度对孩子的耐心进行培养。

比如孩子很喜欢花草，时常有自己养花的想法，这时父母就应该满足孩子，可以利用家里的阳台，为孩子买来花盆和花籽，先教孩子如何选择适合花草生长的土壤，然后和孩子一起把花籽种下去。告诉孩子养花草应该注意哪些之后，就可以把这项任务完全交给孩子，并让他在培育花草的过程中，仔细观察植物生长的过程，诸如什么时候发的芽，什么时候长出了叶子，什么时候开出了一朵小花，这些都让孩子记录下来，同时也要让他写下自己当时的心情，以便于让他体会一个生命的成长过程，还有自己完成一件事情时的喜悦。在孩子培育花的过程中，肯定会因疏忽而忘记花草，或者嫌它长得太慢而不想再养了。这个时候，父母一定要及时给予鼓励和支持，并让他明白：不管你多么着急，也不会在今天撒下种子之后，明天它就能发芽、吐叶、开花。花草的生长是需要一个过程的，它不会因为你迫切地想看到什么样子，它就会成为什么样子，这一切的得到必须经过耐心的等待，而且你还要不断为其付出，天天给它浇浇水，有时还要松松土，并让它享受到充足的阳光。

父母在培养孩子耐心的时候，自己要更加有耐心。孩子耐心的养成，并不是一天两天的事情，它来自于一点一滴的积累。父母在有这样的心理准备之后，还要做到以下几方面的要求。

1.父母要为孩子做出榜样

榜样的力量是无穷的，在潜移默化中便影响一个人的方方面面，尤其是孩子处在一个热衷于模仿的年龄段，它的影响将更加深远。比如让孩子写完作业之后再去睡觉，那在他睡觉之前父母就应该认真检查一下，看他的作业是否真的完成了。这并不是对孩子不讲情理的苛责，而恰恰是为了培养孩子做事善始善终的良好习惯，是对孩子有责任性的表现。

2.排除无关的刺激和干扰

有时候，孩子把注意力从一件事物转移到另一件事物上，完全是在一种无意识的状态下进行的，因为一切新奇，多变的事物都会吸引他们的眼球，干扰他们正在进行的活动。在这种情况下培养孩子的耐心，是相当有难度的。因此，当孩子在进行一件活动的时候，父母应该为他们排除一切与这件事无关的干扰。例如孩子正在客厅里画画时，父母要尽量少走动，也不要同他说话，更不要在一旁看电视、听音乐，这样都会影响到孩子，分散他的注意力。

3.别让孩子过度疲劳

孩子的神经系统是敏感而脆弱的，其耐受力相较之于成年人有很大的差距。因此，如果让孩子长时间地处于紧张状态或从事某项单调的活动，很容易就会觉得疲劳，注意力也变得涣散。因此，当孩子进行一项活动的时候，父母可以为他设定一个相对宽裕的时间，允许他适当地休息一下或做些别的事，当他的疲劳得到缓解之后，提醒他应该去把那项活动进行完。为了培养孩子的耐心，父母必须要对其进行严格要求，但切不可把严格要求变成了对孩子的“死要求”。

4.让孩子学会自我监督

某项活动要想持之以恒地坚持下去，别人能给予的帮助都是些外在的因素，最终还是要靠孩子的自觉行为，因此，要让孩子学会自我检查与监督。在让孩子学会自我检查、自我监督之前，父母应该先从检查和鼓励开始。比如在与孩子共同确定了某项活动、某个目标之后，每天都要对完成的情况进行检查，并让孩子对自己进行评价，同时对孩子的良好表现要给予鼓励和赞扬，做得不够好的地方要给予引导，并激励孩子在往后的时间里加以改正。

第06辑

父母一定要了解的幼儿敏感期

“不可理喻”的执拗敏感期

有一段时期，在成人眼里，孩子的所作所为就是“不可理喻”的胡闹。比如，大人不能把衣服搭在肩膀上；看动画片不能被打乱；剥糖纸一定要自己剥，如果大人把糖纸剥掉了，孩子会愤怒地一把扔掉，要求再来一颗……总之，每件事情都必须按照他们的意愿去做。稍有不合孩子心意，他们就会变得烦躁不安、奋力反抗、大哭大闹，久久不能平息，可以说，这一时期的孩子简直比任何时候都显得“任性”。

可以肯定地说，**孩子进入了执拗的敏感期。“执拗敏感期”是孩子心理发展的一个必经阶段，也是孩子独立意识强烈凸显的一个阶段**。通常，孩子从2岁开始，随着自我意识的不断增强，自我意识与他人意识开始逐步分化，常常会不听从父母的建议和指令，变得固执己见，有时甚至有了反抗的现象，这就是心理学家所说的“执拗敏感期”。而孩子这一敏感期的爆发高峰期却出现在3~4岁，在这一时期，他们喜欢想当然地按照自己的意愿行事，而且这些行为常常是难以变通，有时甚至到了不可理喻的地步。

然而，在面对孩子出现的一些“反抗”行为，甚至是无理要求时，许多年轻父母因为不了解孩子在这个时期的心理特点，不仅让孩子心理受挫，而且父母自己也很容易走入教育上的“误区”。

每次吃饭后，孩子总喜欢用袖子蹭一蹭那张油乎乎的小嘴。虽说餐桌上摆放着用来擦嘴的面巾纸，可是即便父母再三提醒他“不能用袖子擦嘴”，小家伙还是会鬼头鬼脑地朝爸爸妈妈窃窃地一笑，照旧用袖子抹着嘴。

更气人的是，这个小淘气又喜欢上了在床上吃东西，尽管爸爸妈妈强调过多次“不能在床上吃东西”，可是孩子还是照做不误。有一次，父母竟然发现他把吃剩的香蕉皮藏在了被窝里。后来几次，孩子的“壮举”被他爸看到了，没好气地对孩子大打出手，对我也是不分青红皂白地大吼：“孩子都是被你给惯坏了！”听他这么一说，我心里也非常不是滋味，忍不住跟他吵了起来。后来一段时间，家里气氛别提多沉闷了，孩子见了他爸也是躲躲闪闪的。

执拗敏感期的存在，与孩子的心理发育特点密切相关，这是孩子成长过程中难以逾越的，不以他们的意志为转移的阶段。如果成人没能坦然接受孩子的“执拗”，没能做好陪伴孩子度过这一时期的思想准备，没能恰当地采取“应对”策略的话，就无法保证孩子顺利度过这一时期，而孩子的心理也必定会受挫。因为当父母打破孩子的意愿或是秩序时，他们的内心是会痛苦的，所以才会做出“拼命”的反抗。试想，如果孩子的内心经常被这种痛苦所包围的话，又怎么不会对他们的身心健康带来伤害呢？

孩子不是小大人，成人不能期待他们的行为会像我们一样理性而且自制，尤其是处于执拗敏感期的孩子，当他们提出什么要求的时候，父母一定要主动地站在他们的立场去理解孩子的内心世界，并尽量满足那些合理的或是非原则性的需求；对于那些我们不能满足的原则性的要求，也要善于理解孩子，用拥抱、讲道理、转移注意力、寻找替代目标的方法来平息孩子内心的痛苦。

由此看来，把握孩子的执拗敏感期就等于帮助孩子在成长，而解决孩子执拗敏感期的问题，则要求父母学会在爱和理解的基础上，给予智慧且灵巧的变通。只有变通得好，才能缓解问题，而孩子不可理喻的“胡闹”也不会再是问题了。

执拗敏感期过后，孩子追求完美的敏感期就会接踵而来。任何事情在他眼里必须要做到完美无缺的地步：食物上不能有斑点；厕所坐便器上不能有污点；衣服不能缺纽扣……孩子的每个阶段都有自己的敏感反应，而父母的教育过程其实就是一个自我修正的过程，学会和孩子一起成长，才是每个父母必须的功课。

要完美的审美和追求完美的敏感期

孩子的成长就是一个接一个的敏感期，在各种敏感期中，其中有一个叫做“审美和追求完美的敏感期”。在这段时期，细心的父母会发现，自己的孩子突然变成了一个完美主义者。水果上不能有斑点，拒绝吃半块的面包，牛奶不能洒出一滴，美工纸不能有折痕，除了挑剔吃的和用的，孩子又开始关注身边的环境和自我的完美。总之，只要是不符合自己的审美要求，他们不是哭闹，就是奋力将之恢复成自己心目中的模样……如果孩子经常出现类似行为，就说明他们已经进入生命中一个特殊的时期——审美和追求完美的敏感期。

“审美和追求完美的敏感期”一般发生在孩子两岁半到5岁之间，这一阶段的发展是螺旋式的。

孩子3岁左右的时候，随着自我意识的产生，他们自身会产生一定的审美观，这就是我们所说的审美敏感期。**在审美敏感期刚刚到来的时候，孩子对食物有着强烈的要求，要最大的、最光亮的、最完整的就是他们的唯一标准**。比如说，一个苹果从中间切开给孩子一半，他会非常痛苦，而只有完整无缺的才会让他们喜笑颜开。作为父母，千万不要认为这样的孩子就是一种任性，其实他们只是在暗示你：我到了审美的敏感期，那些不完整的、不完美的食物只会让我产生痛苦的感觉，我是无法接受的。

对食物要求完整的敏感期过后，孩子会对物的完美性提出更高的要求。比如，玩具不能缺零件、衣服不能掉扣子、画笔不能有磨损、裙子不能有褶皱……总之，孩子眼里的所有事物都必须是完美无缺的。在这种情况下，他们的审美敏感期就逐渐转化为追求完美的敏感期。

随着年龄的增长，在追求完美的敏感期的道路上，孩子开始逐渐关注自身形象的完美。尤其是女孩子，她们开始乐此不疲地挑选自己的衣服，和妈妈争执今天到底是穿什么衣服、穿什么鞋、扎什么辫子、戴什么发卡，尝试妈妈的化妆品、蝴蝶结和各种闪亮的发卡，偏爱某种颜色，这一切都是这一阶段可能的行为表现。虽说很多时候，她们常常把自己搞得乱七八糟，这份“臭美”的劲头儿也会让家人哭笑不得。但是不可否认的是，此时正是她们刚刚开始学会怎样让自己更美的关键时刻。尤其是对于女孩子来说，4岁时开始出现的审美意识将会影响其一生的气质和审美能力。

伴随着孩子逐渐关注自身形象的完美，而后一步步发展为对环境、艺术作品、品质的完美追求。从这个时候开始，他们能够敏锐地感知环境和氛围的变化，能够挑选美好的环境生活、美好的艺术作品进行欣赏。

不可否认，追求完美是人的天性，当然也是孩子的天性。从儿童时期开始出现，保护它就是保护一个追求完美的人。也许，作为成人的我们不会认为有瑕疵的苹果是不完美的，毋庸置疑，我们依然会对一个接近完美的苹果惊叹，会为一个接近完美的自然对象或艺术作品而感怀。没错！完美会给我们带来精神上的愉悦，而孩子对完美的追求，同样也表明孩子的精神世界正一步步走向丰富和深入。

然而遗憾的是，当孩子表现出敏感期的行为特征时，很多父母不是没有发觉，而是觉而不察，或者觉而不知该如何帮助孩子。因此，当成人面对孩子的种种“不当”行为时，他们只会不耐烦，只会对孩子批评或斥责。结果呢？只会错失良机，让刚刚进入敏感期的幼小心灵无法充分体会到成长的美好以及对美好事物的追求，在这种环境中成长的孩子，很有可能会变得胆小、孤僻，失去探索未知世界的勇气。

因此，当父母面对孩子的种种“挑剔”和“不可理喻”，一定要学会放下你的所谓烦恼，而是要发自真心地去理解孩子的那颗追求完美的心。当你把孩子的一个个“无理要求”当成是孩子成长的一个个机会，那么，我们可以肯定，到那个时候，你自然找到了打开孩子在这个特殊敏感期的神秘钥匙。

“多嘴”的语言敏感期

在孩子语言敏感期的早期，当他们发现一个词语和一个外物能配上对时，很喜欢重复这种配对游戏。

“妈妈！”

“哎！”

“妈妈！”

“哎！”

这是孩子在语言敏感期早期的一种表现，当然，在这种一叫一答的对话中，他们也享受着语言所带来的喜悦。

后来，随着年龄的增长，当孩子到了三四岁的时候，开始进入语言发展最关键的时期。在这一时期，他们能够使用非常丰富的词类。通常，3岁的孩子已经掌握了900个左右的词汇，而且能够以5~6个词的句子交谈，并且还能模仿成人发出的大部分声音。3岁多的孩子，在他们讲话时还能够使用主语、动词、形容词、连词等来表达比较复杂的意思。当孩子到了4岁，在语言质量上是有了极大的提高，他们的词汇量会猛增到1600个左右，能和别人随意交谈，也能用语言表达自己的思想。

这个时期的孩子愈发喜欢说悄悄话。也许很多时候，父母会对孩子这种无声的悄悄话感到奇怪，其实，这是孩子语言敏感期的一种特殊表现。对于三四岁的孩子来说，他们已经基本掌握了语言的发音，也在渐渐发现原来语言还有很多表达形式，可以大声喊，也可以是两个人之间的私密对话，而说“悄悄话”也是孩子发现的一种探索语言的形式，而很多时候，他们喜欢对着玩具悄悄地说些什么。“悄悄话”这种特有的交流方式，声音低，不被他人听见。

对于孩子来说，更是具有一种不被别人知道的神秘感，更能让他们着迷，引起他们的兴趣。在实际教学中，我们也经常可以看到教师使用“耳语游戏”来发展孩子的听力、理解力和表达能力，这也充分说明“悄悄话”这种语言交流形式对孩子智能的开发起着非常重要的作用。

除了爱缠着大人说悄悄话，但凡孩子接触到的任何对象，像天上的太阳、月亮，地上的花草树木、河流，有生命的动物，各种各样的玩具等，都有可能会成为他们交谈的对象。而且，3~4岁的孩子也是愈发迷恋电话这部神秘机器，“那端说话的人是妈妈吗？”“我模仿大人的样子，怎么有人会回应我呢？”从最初观望大人的一举一动，到逐渐模仿大人的语言和姿势，直至最后尝试自己去拨打和接听电话。孩子的这一系列惊人的变化不得不说是个奇迹，但是，在奇迹的背后，更是孩子自身在语言方面所具有的与生俱来的力量和能力。

这么看来，**3~4岁的孩子在语言方面的发展是相当惊人的。善于观察、引导、鼓励孩子的语言发展，这将会帮助他更好地度过这段时期的语言敏感期。**

喜欢涂画的色彩敏感期

一位妈妈曾讲述过这样一件事情：在一个周末的午后，我照旧在电脑前忙着做文案，这时在一旁玩闹的孩子月月突然对我说：“妈妈，看，真漂亮！”顺着女儿手指的方向，我看到阳光正悄悄地、静静地照在我新买的大衣上。柔柔的衣服泛着粉粉的光，这韵味，倒是有点像满枝满枝的桃花。

“哦，孩子对颜色开始感兴趣了。”我不觉感叹道。

刚忙完手头的工作，小家伙就不耐烦地对我说：“走，咱们去找豆豆玩。”

一路上月月兴奋地牵着我的手，喋喋不休地说，她和豆豆最近在给动物穿衣服。

这让我听得莫名其妙。

等到了豆豆家，才发现原来这两个小家伙在“搞艺术”。在豆豆卧室的桌子上，放着两个小朋友的杰作。他们在给涂色书中的小动物涂颜色，我一下子明白了，这就是女儿所说的“给小动物穿衣服”呀。桌子上散乱地摆放着他们做的折纸飞机和花篮，而且也都涂上了花花绿绿的颜色。

在豆豆家的墙壁上，我还发现了几幅小创作，这是豆豆和另外一位小朋友的作品，而屋顶上还飘着好多五颜六色的气球，这真是一个充满色彩的美丽天地呀！

看到这里，突然有一丝愧疚感掠过心头：平时自己总是借口工作忙，很少顾及孩子，我竟然忽略了女儿的色彩敏感期！

看到这里，不知有多少父母会有这样的感触，我们成天口口声声地谈教育，反倒却忽略了教育孩子的最佳时期，忽略了关乎孩子一生幸福的敏感期。

毫无疑问，故事中的月月、豆豆都进入了色彩的敏感期。一般来说，在孩子三四个月时，对色彩有了最初的感受，小床上方挂满的各色气球，身边摆满的色彩艳丽的小绒球、小玩具，这些都会对孩子形成有意无意地色彩刺激，帮助他们迈出逐渐认识颜色的第一步。在孩子6~11个月时，他们对色彩开始有了反应，会盯着一件物品看个没完，也会用小手用力地抓着什么，这个时候，父母可以用手指着这些物件，温柔亲切地对他说：“宝贝，这是红气球，这是黄气球。宝宝，往这看，这是绿色的草。”你讲得越多说得越多，越能加强孩子的色彩刺激，巩固他们对色彩的认识。当孩子到了1~2岁，会说会走了，尽管他们对颜色的辨别还不够稳定，但是在做游戏的过程中不断加强孩子认识颜色的能力依旧是父母的一门必修课。当孩子到了三四岁则进人了色彩的敏感期，在这个时候，他们喜欢认识色彩，而对色彩的最初认识则来源于最熟悉的生活。在这里，有五颜六色的衣服，色彩明丽的玩具，五彩斑斓的居室环境；在这里，他们喜欢上了涂色，喜欢上了胡乱画画。总而言之，当孩子开始对色彩产生感觉和认识，并开始在生活中寻找不同颜色的时候，他们就进入了色彩的敏感期。

然而，遗憾的是，在三四岁这个敏感期，很多父母因为怕孩子乱画，总会限制他们，因为孩子画得不合你的心意，总会随便评价……

儿童专家研究证实，孩子在2~3岁时，伴随着视觉神经的发育，已经能够认识颜色，并善于捕捉和凝视鲜亮的色彩。当孩子在4~6岁时，随着智力的进一步增长，已经能够认识4种以上的颜色，而且还能从浑浊暗色中辨认出明度较大的色彩。而且科学研究还进一步证实，不同的色彩可以通过影响孩子的视觉来影响其智商、情商和性格的塑造。一般来说，婴儿比较喜欢黄色、橙色、浅蓝、浅绿等色彩较为明快的颜色，而且心理学研究也发现，长期在这种色彩环境中长大的孩子，往往具有较高的智商；反之，如果在婴儿的成长环境中，较多的是被黑色、茶色等暗淡的颜色所包围，只会使人感到忧郁、沉闷，甚至产生压抑等不良感觉。事实上，在这种色彩环境中成长的孩子，智商也会相对较低，而且，在创造力、想象力、自信心方面也会大不如前者。

由此看来，在孩子的色彩敏感期，如果没有建立起很好的色彩感，将很可能会对其未来的成长道路造成障碍。所以，**当家有一个喜欢胡乱涂画的宝宝时，父母一定要给予足够的耐心和正确的引导，让孩子走入那个充满无穷无尽乐趣的色彩世界中。**

喜欢交际的人际关系敏感期

人际关系是人与生俱来的智能，对于孩子来说，同样如此。

在孩子交往的初始，他们只对物感兴趣，对人还没有产生一种真正的连接，而这里的“物”最先是从食物的交换开始的。在孩子的头脑里，唯一的思想就是“我带好吃的跟你分享，你跟我做好朋友”。的确，通过食物的交换产生了人与人之间平等、愉悦的良好情绪。但是，即使再美妙的滋味总有散尽的时候，这种近似于讨好的举动在单纯的孩子之间很快就显得苍白无力。于是，这种建立友谊的方式还没有持续多久，孩子很快就发现了这样一个秘密——当我没有好吃的可以给你，或是当你把我给你的好吃的吃完之后，我们之间的关系就结束了。当孩子还处于为什么有时候食物魅力无穷有时候又毫不起作用的迷惑和苦闷之中，在孩子之间又发生了什么更令人诧异而有趣的事情——他们找到了一个不会消失的东西来跟周围的小朋友建立关系，而陪伴他们长大的玩具就是最好的替代品。因为经过前几次的“教训”，他们总结出这样一条经验：食物不能维系自己与小朋友之间的友谊，而玩具恰恰能承担起这一使命。在这个时候，孩子之间的关系就是通过玩具来产生连接，“我把我的玩具跟你分享，你把你的玩具跟我分享，我们从此以后就是好朋友。”可以这么说，孩子人际交往敏感期就是从分享食物和一对一的玩具交换开始的。

不过，从玩具的分享到交换，再到赠送玩具，经过几个月的发展，孩子又发现了一个秘密——如果某个小朋友得到自己的玩具以后，彼此之间的关系还有可能会结束。这一惊人的发现，让他们意识到通过玩具也不能维持一个持续的交往关系。庆幸的是，在接下来的几个月以后，孩子又发现了一个交朋友的重要原则，那就是我们有相同的爱好和兴趣，或是我喜欢他，或是他喜欢我，或是双方能够相互理解。一个来自孩子和老师的有趣对话就能说明这一切，老师问：“你为什么要跟他交朋友呢？”被问的孩子很认真地说：“因为他理解我呀，所以我要跟他交朋友。”再比如，有两个三岁半的小朋友，由于都喜欢汽车，引发了他们进一步交往的兴趣，随着交往的频繁这种关系就会进一步地跨进，进一步地升温、进一步地发展。

在接下来的人际关系中，孩子最终会发现，原来真正的朋友是建立在志趣相投、相互理解和相互倾听的基础上，当他们真正达到这种状态，就会发现他和伙伴之间的关系是一种真正的和谐。

由此看来，**孩子一定要生活在一个适宜的环境中，这个环境应该是积**

极而友善的，这个环境应该是自然而和谐的，满足了孩子的这些需求，才真正遵循了孩子成长的自然规律。

让父母尴尬的性别敏感期

当孩子到了3岁左右，他们最喜欢问的问题就是“我是从哪来的？”“你又是从哪里来的？”这种时候，父母越是表现出不知所措，或是尴尬的样子，孩子反倒更会一遍又一遍地问下去。

的确，在出生的敏感期，孩子会对人的由来产生极其浓厚的兴趣，然而，很多时候，他们的追问总会让年轻的父母陷入尴尬、头痛的局面，但是，这些问题却决定着孩子的安全感和幸福感，因为这个人类最古老的哲学问题——“我从哪里来？”也是孩子安全感最直接的来源。这么看来，如果你的孩子到了这个敏感期，我们成人的回答千万不能有一丝的马虎，而是要学会以坦然的态度来面对，以积极的方式来应对，做到这些，才能更好地帮助孩子度过这一敏感期，而事实上，这么做对孩子明白生命的意义也具有非常重要的价值。此外，几乎与出生的敏感期同时，孩子还要经历这样一个重要的敏感期——性别的敏感期。

每个宝宝从他出生的那刻起，家人所获得的关于宝宝的第一个信息，就是他的性别。当欣喜而自豪的父母打电话把孩子降生这一喜讯告诉亲朋好友的时候，亲友们的第一个反应也总是：“宝宝是男孩儿，还是女孩儿啊？”之后，父母就会因孩子性别的不同自然而然地延伸着不同的反应。如果是男宝宝，他们会亲昵地称之为“小老虎”或是“小牛犊子”，希望自己的男宝宝勇武有力；如果是女宝宝，他们则会亲昵地称之为“小甜甜”、“小豆豆”，希望女儿可爱、讨人喜欢。

随着孩子一天天的长大，不光是乳名，就连玩具、衣服到亲子游戏，都有了男女的区别。也就是说，性别上的差异不只是不同的生物遗传，事实上，几乎所有的社会文化都赋予不同性别以不同的期待。男孩与女孩，从他们出生的那一天起，就必然要带着性别的标签按照性别角色慢慢长大。当孩子有一天突然好奇自己的“小鸡鸡”、妈妈的乳房；突然好奇为什么女孩子可以梳辫子，而男孩子则不可以；为什么女孩子能穿裙子，而男孩子则不能的时候，这就意味着孩子进入了性别的敏感期。

一般来讲，当孩子处于5岁这一阶段，他们会对人的身体，尤其是异性的身体表现出明显的兴趣，当然，最令他们感到好奇的还是生殖器的差别，因为这是一个从来都不外露，而且在很多时候，周围人对此又是如此的敏感。**孩子的这种性别意识是其形成自我意识的一个重要组成部分，而性别认同则是孩子从出生起就开始的一个学习过程。**

在这种情况下，父母千万不可采取吞吞吐吐或是躲躲闪闪的态度来对待孩子，那样只会让他们对此产生越来越浓厚的好奇心；也不可对孩子进行错误的性教育，那样只会不利于孩子性心理的健康发展。相反，抱着一颗坦然的心，才能帮助孩子面对性别问题，帮助孩子度过性别的敏感期，而到底什么是坦然的心呢？其实，这就好比一位教育学家的形象比喻：就像教孩子认识眼睛、嘴巴、鼻子一样去认识他们好奇的世界就足够了。

充满幻想的身份敏感期

一位家长曾讲述过这样一个故事：

君君是个不到5岁的男孩，他已经会模仿动画片里的孙悟空伸张正义的样子。自从看了动画片《西游记》之后，他动不动手叉腰，一手高举金箍棒，摆出一副斩妖除魔的姿态。

有时，快要吃饭了，我们叫他：“君君，吃饭啦。”君君要么是装做没听见，要么就会“礼貌”地对我们说“我是孙悟空，叫我齐天大圣”。

这还不算什么，最让我担心的是动画片里有好多充满暴力的情节，尤其是孙悟空和各种怪兽打斗时的场面，既残忍，又恐怖。可是，越是惊险刺激的场面，君君越是喜欢得如痴如醉，看得来劲儿时，还会跟着孙悟空一起说："妖怪，吃俺老孙一棒。"

而且每次带他出去逛街，只要经过有孙悟空形象的玩具店，他都会异常兴奋，更可气的是，他一定会死磨硬泡地让我给他买，现在，他像宝贝一样收藏着这些玩具，别人休想动上一下。

看来，孙悟空是君君在这个世界上最喜欢、最崇拜的人物了，但是，又是什么让孩子如此崇拜孙悟空？孙悟空又是为什么具有如此大的吸引力呢？难道是因为我让孩子看了太多动画片的缘故吗？

君君妈妈的困扰或许代表了许多父母的困扰，可是问题的关键并不在于君君看了多少动画片，而在于孩子进入了一个叫做"身份确认"的敏感期。

当孩子到了四五岁，他们开始体验到了一个全新的现实世界，出于生命本能的自然力量，他们想要知道自己作为一个独立的人，与自己周围世界的关系究竟是怎样的。这看似是个颇为深奥的问题，但这恰恰开启了孩子自我形成的生命历程。于是，从此之后，他们必须完成两件事，而这些都会在一生中影响孩子与自我的关系及与他人的关系。其一，孩子必须在自己的内心建立一个稳定和持续的自我形象，以及一个稳定、持续的他人（主要指亲人）形象；其二，孩子必须确定对自己能力的自我评价，从而确立自己的自信心。

但是，这又该如何理解呢？我们成人都有过这样的体验：在孩子3岁之前，父母哪怕是一秒钟不在他们身边，他们便会顿生焦虑和被遗弃的恐惧感。当孩子到了4岁左右，随着空间活动能力的不断增强，尽管父母不在身边的时间越来越多，但是他们仍然像以前一样，是那么地需要安全感。于是，这种时候，孩子面临的一个"任务"就是需要逐步建立起一个关于自己内心的形象，即回答"我是谁"的问题，并逐步给自己定位。

而一直陪伴孩子长大的动画片和文学作品中各种各样的形象就极大地

帮助孩子完成这个“任务”。在这里，有高大威猛的，有伸张正义的，有除恶扬善的，当然也有胆小怕事的。但是，对于一个在精神上刚刚与看护者脱离，时时处处觉得自己非常渺小的孩子来说，无不希望自己能够变得像动画片和文学作品中的形象一样。因此，在这种情况下，他们开始迷恋某个或是某几个偶像，开始全心全意地模仿他们的角色。

于是，我们会发现有的孩子向往神通广大，说“我是忍者神龟”，“我是超人”。有的孩子喜欢美丽愿望，说“我是白雪公主”，“我是仙女”。当孩子明确了自己的心中偶像之后，一心想当超人的男孩子会把自己全副武装，站在床上或是沙发上，似乎在捍卫和平；一心想当公主的女孩子会把自己盛装打扮，说话温和轻柔，就连举手投足也会优雅温婉。不过，无论孩子选择扮演哪种角色，作为父母都要懂得尊重和保护他们的正常需要，让他们自然快乐地成长才能帮助他们顺利地度过这个敏感期。同时，父母也可以根据自己的能力满足孩子的需求，并根据情况给予正确的引导。**事实上，在崇拜某一偶像并不断模仿的过程中，孩子也在不断地积累着未来成人时的人格特征。有时，我们形容童年是梦幻般的，是充满幻想的，然而，这么看来，在孩子的世界里，梦想也是真实的。**

喜欢哼唱的音乐敏感期

英国一位心理学家曾经说过：从孩子出生的那一刻起，他们就已经才华横溢了。也就是说，我们每个人都具备与生俱来的才能，这就是我们日后学习的愿望和学习的能力。**当孩子发现不同的乐器发出的声音会创造出一种叫“音乐”的东西时，他们便进入了音乐的敏感期。**

在音乐的敏感期，孩子会用音乐的方式展示自己与众不同的生命感受：

3个月的我，最喜欢妈妈抱着我，轻轻哼歌给我听。当妈妈不理我的时候，我就放声大哭，如果妈妈只是很烦躁地抱着我走来走去，遗忘了给我唱“小兔子乖乖，把门开开……”这个程序，我就会哭得更厉害。

我6个月大了，一觉醒来没看到妈妈，就哇哇直哭。即便爸爸讲故事给我听、拿玩具打发我，我也不吃这一套。咦，不知怎么的，爸爸突然碰了我的玩具电子琴，这动听的旋律就像妈妈抱着我时哼唱的歌，我不哭了，爸爸也松了一口气。

快两岁的我对音乐表现出了浓厚的兴趣，尤其喜欢学大人唱歌。外婆教我《世上只有妈妈好》，我轻而易举地会唱：“世上只有妈妈好，有妈的孩子像块宝。”一次，妈妈回来了，外婆唱到“世上只有……”故意停住，我呢，立马接上“妈妈好”。妈妈亲了亲我，说了声“谢谢宝贝！”可是，后来妈妈听多了说我是条件反射，说我像只小麻雀，唧唧喳喳不停歇。我已经有自己的思想了，真记住了歌词和旋律，所以才会自然地接唱，好想反驳她！

我已经4岁了，能完整地唱一首歌了——《小燕子》，身子也会随着韵律扭来转去，每次这么小露两手，总会赢来一片掌声。虽说我很喜欢唱这首歌，可是我不喜欢每次一有客人来，妈妈就推我出来叫我演唱，就好像学唱歌就是为了表现自己似的。

毫无疑问，这些都是现实生活中真实发生的故事，当我们再次梳理不同年龄段的孩子对音乐的感受、认知与发展的轨迹时，便会发现这样一个规律：

两岁的幼儿能够把握节奏；3~4岁的孩子开始对简单而重复的旋律感兴趣；5~6岁以后，孩子开始选择自己喜欢的音乐，而且能够自发地用动作表达出来；6~8岁时，孩子已经能够深深地沉浸在音乐中了。

很显然，在孩子的成长过程中，他们不仅仅是用听觉在感觉音乐，还在用整个身体的肌肉和心灵去感觉音乐，而只有身心两方面真正投入到音乐中时，孩子对音乐的感受与理解才是真实的、生动的，同时，由此产生的动作也才是充满生命的，而这一切皆源于孩子对音乐的渴求。因此，针对不同年龄段孩子的特点，对其施以不同的音乐教育，才是父母最需上好的一门必修课。

而孩子的音乐敏感期大多出现在4岁左右。在这个敏感期，孩子很喜欢亲近音乐，等待或寻找特别的音乐环境，实际上，这个具有艺术天性的群体正在用自己独特的视角和感受，用自己特有的艺术方式和思维方式表达他们对眼中世界的真实感受，毫无疑问，这对发展他们潜在的音乐天赋大有裨益。事实上，这也在暗示我们父母，只有耐心地观察、真诚地接受孩子的这一自然天性，才是为人父母培养孩子最应该做到的。

丰富的情感表达敏感期

事实上，孩子的内心世界远比我们成人想象的复杂，然而遗憾的是，并不是所有成人都能意识到这一点，也并不是所有成人都能以孩子的方式与之沟通交流，并帮助孩子度过一个又一个关键时期。

孩子4岁半的时候，母亲去外地学习，每周周末回来一次。

后来有一段时间，就连孩子的爸爸也总是要出差，那段时间，夫妻俩不得不把孩子托付给孩子的小姨照看。

可是，最近一次当一家三口团聚时，孩子突然拉着被子的一角，问妈妈："妈妈，为什么时间不能像被子一样可以拉过来，还可以拉过去呢？"

孩子这么一问，让妈妈有点迷惑，好奇地问他："为什么要把时间拉来拉去呢？"

孩子双眼一眨一眨地说："那样的活，我就能回到小时候（他总把3岁以前叫做小时候），我们一家三口天天在一起，这有多好呀！"说到这里，妈妈顿了一下，没有说什么，孩子又接着说："妈妈，你和爸爸不在的时候，我总是睡不着觉，想我们在一起的时候。"

当妈妈听到这里，眼前突然浮现出每周周一早晨，急匆匆地去赶火车，而孩子总是故作潇洒地说“妈妈，一路顺风”的场景。想到这里，这位妈妈禁不住泪如雨下。

看到这里，或许很多人都会发出这样的感慨：4岁多的孩子竟然有如此丰富的情感世界和如此感人的表达方式！

毫无疑问，故事中的小孩进入了情感表达的敏感期，对于情感，他们已经有了更加深刻的认识。当父母外地出差没有时间陪伴他们的时候，当父母工作繁忙没有按时去幼儿园接送他们的时候，当父母疏于理解没有及时理解他们行为以及情绪的时候，他们往往会表现出哭闹、伤心的一面，因为父母的这些做法在他们的头脑里已经形成这样一个讯息：爸爸妈妈不再爱我了，爸爸妈妈不再喜欢我了。其实，并非父母不爱孩子了，只是父母没有了解孩子的“心事”，孩子误读了父母的“反馈”。只有当父母回归孩子的真实生活时，才能真正走入孩子的内心世界。

如果我们细心观察，就会发现这样一个现象：在孩子3岁之前，当父母与孩子分离时，他们必定会哭闹，不过此时的哭闹中所含的情感因素并不是很多，因为此时的孩子尚不具备理性思维的能力。也许，就在前一个小时，面对外出的父母，孩子还认为父母是消失了；然而，到了下一小时，面对又回来的父母，孩子很可能就会以为父母又突然出现了。事实上，孩子的这种因为分离而表现出的哭泣反应只是因缺少安全感而自然流露出的一种情绪反应。

但是，当孩子4岁以后，他们已经喜欢用自己的眼睛观察周围世界，喜欢用自己的头脑思考问题，与此同时，他们也具有了丰富的情感，并且有自己独特的表达情感的方式。在这种时候，如果父母疏于陪伴孩子，疏于观察孩子的行为，他们就会伤心、哭泣，因为在他们幼小的心灵中，他们觉得这是父母不爱他们的表现。然而，哭过之后，孩子还会把这些事放在心上，久而久之，孩子的“心事”也就产生了。

因此，当父母面对爱哭鼻子、在意别人是否爱他的孩子时，你的情绪不要敏感，也不要用大道理去批评，当然，更不能无视孩子的感情。**学会接纳孩**

子的感情，满足孩子的情感需求，和孩子增加交流的时间，孩子的心自然会敞开。其实这个时候的孩子，只是通过外在形式上的“退缩”去获取更多的关注和爱，因为此时的他们正在为下一阶段要面对的外面世界而积蓄能量。

喜欢阅读的阅读敏感期

突然有一天，孩子开始热衷于拿支笔涂涂画画，甚至假装在写字，仿佛撰写文章似的……孩子的这些变化意味着他们已经进入阅读和书写的敏感期，发觉了文字的魅力；作为父母，你的任务就是点燃孩子的读写热情，帮助孩子度过书写的敏感期。

对于孩子来说，到了一定年龄，他们就会进入某个敏感期。**一般来讲，当孩子到了五六岁，就会进入阅读敏感期。此时的孩子特别喜爱阅读，态度也是非常积极。事实上，在孩子的任何一个敏感期，他们都会积极主动地去学习、去探索，不会觉得这是件枯燥乏味的事情。**

一个孩子的阅读敏感期，往往会呈现两条清晰的轨迹：第一条轨迹是他人阅读阶段，这条轨迹大约出现在孩子3岁左右，此时他们因为还不识字，所以常常要求成年人读书给他们听；第二条轨迹是自己阅读阶段，大约出现在孩子五六岁左右，此时他们已经有独立阅读简单图画书的能力。

我们常说，通过观察孩子的一些特殊行为往往可以断定他们进入了某一敏感期，但是阅读敏感期不同。在这一敏感期，尤其需要父母为孩子提供相应的环境刺激，这样阅读的敏感期才能被激发出来。也就是说，如果一个孩子从小没有，或是很少接触图书，那么，他的阅读敏感期往往不会出现或是出现得很晚。反之，在孩子很小的时候，父母就有意识地让他接触书，为他读书，那么这个孩子的阅读敏感期很有可能会提前出现。

不过，对于学龄前儿童来说，他们的意志力往往比较薄弱，自控能力也很差，因此，这种时候，培养他们的阅读兴趣就显得尤为重要。而且人的兴趣也并不是天生就有的，而是在一定客观环境的影响下，通过社会实践形成与发展起来的。因此，这就要求孩子的父母，在我们激发、引导孩子的阅读兴趣时，一定要善于根据孩子独特的心理特点和阅读形成、发展的规律，采取恰当的方式有意识地培养和激发孩子阅读兴趣。当父母能意识到这一点的时候，就会发现艰巨的阅读任务是那么的令你轻松而愉快。

阅读是孩子受益一生的好习惯，神圣的书本也能帮助我们解决好多问题，所以把握好这一敏感期，帮助孩子养成阅读的好习惯自然可以让孩子终生受益。

与阅读敏感期关系密切的就是书写敏感期，这一敏感期大约出现在孩子3岁半至4岁半这段时期，而当孩子到了五六岁，书写敏感期就会达到高峰。每个孩子在书写敏感期的表现也不大一样，有的出现得早些，有的出现得晚些，也有的甚至没有明显的表现。但凡进入书写敏感期的孩子都会经历这么一个过程：从开始用笔在纸上戳戳点点，到来来回回地画不规则的直线、不规则的圆圈，直至可以书写出规整的文字。

事实上，在孩子书写的每一个阶段，只要父母善于给孩子创造书写环境，他的书写敏感期就会提前出现或是爆发得更猛烈。事实也证明了这一点，一个第一次用笔成功地在纸张上留下印痕的孩子，因为大受家人鼓舞，虽然只是一些不规则的小点或是歪歪扭扭的线条，但是，大人还会不断地激励他用各种各样的方式去描述他“书写”出来的奇迹。

当然，在书写这一敏感期，父母对待孩子这种行为的态度，以及父母能否为孩子提供有利这种技能发展的环境，在某种程度上，也是孩子书写激情能否维持更久，书写技艺能否更精湛的原因所在。

因此，当家人面对孩子煞有介事的描述时，一定要给予足够的赏识，并恰当地应对孩子的书写敏感期，毫无疑问，这是激励他们充满激情地走入书写世界的一种非常必要的方式。当然，还有非常重要的一点，那就是千万不能为了急于培养孩子好的书写习惯，就不断地干涉、纠正他们的书写方式，否则，只会一点点地磨灭掉他们的书写兴趣。

第07辑
开拓孩子潜力从孩子心理入手

开发孩子的智力应讲究策略

宝宝像颗种子，如何长成又高又壮的大树，成了园丁们最苦恼的事。作为园丁，父母们打理花园，灌溉小苗，剪枝修杈，费尽了心思。哪天该添辅食，哪天开始走路，哪天开始磨牙，哪天喊了第一声妈妈，园丁们丝毫不敢懈怠，只盼着，有那么一天，这棵树长高了，叶绿了，开出缤纷的花，结出喜人的果。

孩子的智力究竟是天生的，一成不变的？还是遵循某种规律发展的呢？根据现代研究显示，孩子智力是可以通过慢慢培养得到提升的。

美国著名心理学家布卢姆对近千名婴幼儿进行跟踪，一直到他们成年。他的基本结论是：5岁以前是孩子智力发展最迅速的时期。布卢姆认为，如果把17岁时人所达到的智力水平定为100%，那么出生后的前4年他已经获得了50%的智力，到8岁时已经获得了80%的智力，从8至17岁只能获得剩下的20%的智力。

许多研究机构也得出了与布卢姆基本相同的结论，有专家进一步指出：2到3岁是孩子学习口头语言的最佳年龄；4至5岁是开始学习书面语言的最佳年龄；学习外语应从10岁以前就开始；而弹钢琴、拉小提琴必须从3岁开始。如果错过了言语、听觉和运动区域的大脑神经细胞发育的关键时期，再来开发其智力就没有什么指望了。

因此，**在对婴幼儿进行早期智力教育时，应该从他们的生理与心理特**

点出发，采取适当的方式，因势利导，才能收到满意的效果。这就需要父母或者老师在进行教育时，要注意掌握一些原则，从而提高教育质量。

1.在游戏中学习

游戏是婴幼儿的主要活动方式。特别是智力游戏，是孩子认识世界、发展智力的重要手段。因此，早期智力教育要生动活泼，富有趣味，把学习的活动寓于游戏之中，如在游戏中认字、数数。这样边玩边学，就把枯燥无味的知识变成吸引孩子的有趣的东西。对孩子进行早期智力教育最忌讳的是强制式学习，如强迫孩子一连几小时伏案作业，结果必然事与愿违，适得其反。

2.通过细心教育去发展孩子的智力

智力与知识是有联系的。智力是通过知识的掌握而形成与发展起来的，而掌握知识的难易和速度，又依赖于智力的发展水平。智力与知识又是有区别的。不能把智力归结为知识本身。

对孩子进行早期智力教育，绝不意味着用填鸭式的方法向孩子灌输系统的知识，而是用适宜的方式通过抓住知识教育的关键激发孩子智力的发展。早期智力教育不是单纯追求多识几个字，多数几个数。教的内容和进度要适合幼儿智力发展的特点。

3.接受多方面的智力刺激

扩大幼儿生活与活动的范围，开阔幼儿的视野，接受多方面的智力刺激，对促进孩子智力发展有着重要的意义。父母要根据实际情况，经常带着孩子散步，去公园、动物园，游览参观，参加智力竞赛，会客访友等。这些都能增加孩子知识，启迪智慧。

4.激发好奇心与求知欲

幼儿心理发展的一个特点是好奇心强，求知欲旺盛。新颖的刺激，有趣的故事，诱人的形象等都能激发与发展幼儿的好奇心与求知欲。如讲故事和童话、猜谜、手工制作等都能起着发展智力的作用。

要从小保护与鼓励孩子的好奇心与求知欲，对幼儿提出的各种问题，都要设法予以回答，不能搪塞或拒绝，更不能斥责或讽刺。

5.注意幼儿思维的直观、形象的特点

教婴幼儿说话和识字时，要考虑他们的思维的直观、形象性特点，从易到难、由浅入深，从具体到抽象。首先教孩子那些经常看得见、摸得着、听得到的实物的名词，以及孩子经常重复的动作的动词。要注意婴幼儿的注意力不易集中的特点，每次教的数量不宜多，时间不宜过长。

6.发现与引导幼儿早期表现的智力倾向

有的幼儿对绘画、唱歌或数学有着特殊的兴趣。父母要细心发现孩子的特殊兴趣，注意在相应的知识、技能上给予指导。掌握幼儿早期的智力倾向，就能因势利导，发展孩子智力。应该指出，发现幼儿早期教育的智力倾向，并不意味着幼儿学习知识可以有所偏废。

7.德智体全面发展：对孩子进行早期教育包括德智体三个方面

这三者是相互联系，相辅相成的。孩子没有健康的身体，便缺乏智力发展的物质基础；孩子个性心理品质不良智力发展便缺乏正确方向。

如果按照上述原则给孩子进行适当的早期智力教育，相信会收到良好的效果。

同时，在开发孩子的智力时，应避免进入以下误区：

1.过分溺爱

由于我国实行一对夫妇只生一个孩子的政策，父母便把独生子女视为掌上明珠、心肝宝贝，不能让孩子受一点“委屈”，对孩子百依百顺，凡事都包办代替，久而久之，使孩子养成不爱动脑筋、不爱动手的习惯。由于他们缺乏思考问题和解决问题的能力，缺少自我实践活动，所以，智力往往得不到应有的发展，致使智力平平，甚至智力低下。

2.粗暴压制

也有的父母认为宝宝应该绝对服从自己的意志，一旦违抗，就严厉教训；宝宝做得不够好或是犯了错误就发火、训斥，甚至打骂。日久天长，宝宝心理总是处于被压制状态，从而局限了宝宝的智力发展。

3.放任自流

也有许多做父母的，只知道为宝宝提供生活上的需要和保障，而对宝宝的内心世界、兴趣爱好、学业、困难等一概不闻不问，致使一味的应付、搪塞。使宝宝的教育机会一次又一次的丧失，以至于宝宝的智力发育出现停滞不前甚至倒退的现象。

4. 望子成龙

还有的父母岁对宝宝的智力发展和成长期望值太高，在教育宝宝的过程中操之过急，不遵循宝宝身心发展和智力成长的规律，“拔苗助长”，却往往适得其反，造成宝宝负担过重，难以适应压力而产生消极的心理倾向和行为。应该明白宝宝的能力有限，请务必抛掉“鱼与熊掌”兼得心态。

不走出这些误区，就不可能取得宝宝智力教育的良好效果。

孩子的进步离不开你的表扬

不管是大人还是孩子都需要得到别人的肯定，作为父母对自己的孩子更不能吝啬赞美的言辞。在表扬孩子的时候，一定要做到具体。不能光是说，“嗯，好！”之类的话，应该倾向于具体化，让孩子能感受到自己的进步。**因为有具体实在的表扬语言，会让孩子产生一种成就感，从而提高孩子的自信心。在孩子得到自信心的同时，父母的鼓励也让他懂得做什么是对的。**

记得给予孩子鼓励。父母的鼓励不仅仅是对孩子行为的一种认可，还是对孩子所取得成绩的奖励。它意味着，尽管孩子在学着用餐具的时候，把一盘食物掀翻在地，父母还是会面带微笑支持他；尽管孩子在学唱一首歌的时候漏了好多词儿，父母还是会给他一个深深的拥抱……

表扬和鼓励的不同之处在于，前者是奖励行为，后者是奖励人。父母的表扬能让孩子觉得把一件事做得完美的时候是好孩子，而鼓励则是对孩子努力的认可。还有，鼓励应侧重于行为而不是孩子本人。有些父母不明白为什么不要总是用“好孩子”、“乖”和表扬孩子的性格进行鼓励，这是因为孩子会从不同的方面来体会父母的夸奖，“当我做你想要我做的，我就是好孩子。那么，如果我不是这样做，我就是个‘坏’孩子”。

对于平时成绩不错的孩子，在一次考试中没及格，失利了，他本人肯定相当难过，这时如果再对孩子提出批评，结果只能是适得其反。这时较好的做法应当是要耐心地去鼓励孩子，在鼓励的过程中寻找问题，“这次为什么没有考好？咱们来分析一下。到底错在什么地方？搞清楚了，下次就一定能考好。你准没问题。”让他自己对所出现的错误进行反省。经过这样的分析，找到并解决了以往不明白的以及出差错的地方以后，那么下次考试取得好成绩就轻而易举了。

此外，还要注意对孩子的意外鼓励。古代有一个常胜将军，打胜仗对他来说已成为家常便饭。当有人奉承他：“你将作为战略家而载入史册。”他不以为然，一点也不感到高兴。可是有一次，有人夸奖他的胡须非常漂亮时，他却高兴得喜笑颜开。将军自己肯定没有注意到自己还有这种优点，因此当有人称赞他的胡子时，他才会高兴万分。同样，这种鼓励的方法用在孩子身上，还可以帮助孩子发现他在其他方面的优势。

同时，不要只在孩子考了100分时才说上一句：“考得不错。”那么，孩子认为这时受表扬是理所当然的，丝毫不感到意外。如此一来，即使以后总得100分，那么孩子的上进心也会慢慢消失。不过父母可以换个方法去表扬孩子，要抓住要点或者“投其所好”地进行表扬。比如：“今天确实不错，你学习了两个半小时。”这样的话，孩子听了会从心底感到高兴和激动，他们会觉得爸爸妈妈真是无微不至，连这些方面都注意到了。相反，抽象地对孩子进行夸奖则无济于事。

有位母亲说，当她责备孩子时能痛痛快快地说出很多，而在表扬孩子时，却不知说什么好。每个人都会从别人的肯定中获得积极的情感体验，因此，父母每天应该尽量地抽出时间，留意孩子的成长，更多地夸夸孩子一天中所做对的事情。

目标是治疗心理疲惫的良药

有这样一句谚语："一个确定的目标是成功的一半。"**一个人只有确定了目标，才有一个奋斗的方向，才不会在执行中迷失自己。善于自我激励的人必然有自己的目标，他会朝着自己的目标不断前进。**

目标，是实现人生理想阶段性的要求，人通过完成各个不同时期的目标，逐步实现人生的最大目标——理想。打个比方，孩子读小学时的目标多是：培养良好的非智力因素（包括高尚的思想道德品质、坚强的自信心和毅志力、一定的独立生活及处理问题的能力），打好学习的基础；初中、高中、大学大体相似，仍需再提高一档。若没有具体目标，或目标定得太高、过低都不好，不但不利于孩子的发展，还可能难以实现目标或落后于目标而影响孩子实际能力的发展。所以在给孩子确定目标时，应注意以下问题：

目标制定的过程需要父母与孩子在一个和谐愉快的沟通氛围中，也是父母不断接受孩子，引导孩子的过程，父母要用心地倾听孩子，帮助孩子找到自己生活的目标和方向，引导孩子走在他自己所要走的路上。此后，父母只要站在孩子身后，不断地给予力量和支持就足够了。

明智的生活目标方式应该是，平常用看得见的目标作为孩子的奋斗方向，用短期目标成果激励孩子去冲击另一个看得见的目标，孩子的人生总是这样在曲折中循环前进的。所以，与其对孩子大谈特谈人生的理想，还不如让孩子用实际的行为，即看得见的目标激励自己，成功了就成功了，失败了就失败了，这才是现实和有效的。

做父母的对幼儿设置的目标尤其不能太高，也不能太远，只能是近期的，有时甚至就是当时能实现的。对学生孩子可以适当定远一点的目标。

日常生活中要注意鼓励孩子增强成就感，对孩子取得每一点细小的成绩都要给予充分地肯定和鼓励，激励其不断追求新的成就，特别是对幼儿和小学生，更要多鼓励。比如对很少回答问题的小孩，即使答错了，也给予鼓励，培养其自信心，帮助他（她）树立成就意识。成就目标很多，大的比如考上名校、竞赛获奖、争当三好学生，小的如争取习作发表、小制作参展、在晚会上演出、书画作品展出、回答问题得到表扬等。

是的，比身体劳累更可怕的，是心灵的疲惫。而清楚地让孩子看到自己不断地向目标迈进，恰是治疗心理疲惫的良药，是一切动力的源泉。当孩子们雄心勃勃、踌躇满志地走向未来时，做父母的切莫忘了要激励孩子确定具体的、可以实现的目标——让目标“看得见”。因为，只有“看得见”的目标，才有可能最终到达。

在孩子的内心培植一份善良

孩子在学校里横行霸道，从表面上看，他是受着环境的影响，其实，一个孩子行为的好坏，是与他内心的潜在品德有关。显而易见，一个善良的孩子，他在学校里是不会欺负人的，同样地，父母要想孩子变好，他就要多培养孩子的善行，因为善良作为一种美德，它在孩子从坏变好的过程中起到很强的促进作用。

一个好孩子，应该是品德好、身体好、学习好的人。我们在教育孩子转变的时候，主要的教育方向不仅仅是要纠正孩子的行为，更要培育孩子拥有良好的品德——善良就是良好品德重要的一部分。孩子从思想上转变了，他的行为也会随之发生变化。因此，面对一个拉帮结派的坏孩子时，父母培养孩子的善良和纠正孩子的行为是同样的重要。

培养孩子的善行，首先父母要学会肯定孩子的善意举动，我们不要因为孩子平时表现不好，就去把孩子的一切都否定掉，我们要发掘出孩子的闪光点，对孩子做的好的给予表扬和肯定，这样孩子就会继续他们的“善行”。所以，就是孩子给他人帮了微足不道的小忙，或者他替别人着想了，父母都要及时地赞美孩子的举动，因为正是孩子的这些行为的缺少，才导致孩子在学校里拉帮结派、横行霸道；如果孩子做得不好，比如在学校以强凌弱，父母就要使孩子认识到这样不好，同时要表现出对孩子举动的遗憾，但不能因此去打骂孩子。

当然，在学会赞赏孩子的善行之外，父母还要为自己拉帮结派的孩子创造能赞赏他善行的机会，对于一个表现不好的孩子来说，他可能平时没有什么令人赞赏的“闪光点”，因此父母对孩子这方面的创造就更显得重要了。父母应该分三步对孩子进行培养：

第一步，要孩子知道一个人怎样才能变得善良，为什么善良是人人都赞赏的品质。父母可以在一些比较特殊的场合下，像拉家常一样告诉自己的孩子，要他知道所有的人都喜欢善良的人。同时，父母要向孩子讲一些友好待人和表达善意的简单办法，使孩子懂得，自己的善意也能使自己获得莫大的快乐。

第二步，对于一个坏孩子，父母更要为他营造一个亲切、友爱的成长环境。父母要以一种开明的方式来教育孩子，同时，要给孩子营造一个友善、友好的家庭氛围。父母要在孩子面前友好地对待面前的人，其中包括家里的亲戚、朋友、同事、邻居等，还要常常去帮助他人，以此来给孩子树立榜样。孩子在这样的环境熏陶下，就会自然地养成对人善良友好的品德，这是从更深的层次去改变一个拉帮结派的孩子。

第三步，多为孩子创造表达善行的机会。孩子实施了一件善事，别人肯定会以友好的方式加以回报他，这样，孩子就会感到他人友好相待的快感，这是在学校难以感受到的。通过孩子善行的举动，孩子就懂得了与人为善是多么地令人快乐，这样，就会在潜移默化中改善孩子在学校里的行为。因此，不妨给孩子一些表达善行的机会，如有意叫孩子帮助他人、善待小动物、向乞丐施舍等，孩子就能从中体会到感激，并感受到自己善行的快感。

父母是孩子第一任老师，父母的一言一行是孩子模仿的对象。所以，孩子的善行是离不开父母的培养的。

一个坏孩子，父母要从根本上去改变他，这就要在孩子的内心培植一份善良，孩子有了善良的品行，他的行为也就不会恶毒到那里去。因此，孩子尽管在学校里拉帮结派、横行霸道，如果孩子有了善心，就不会再去欺负其他的孩子，不会辱骂他的老师，不会敲诈勒索，因为善行使人萌生善心，善心能驱除人心中的邪恶。孩子有了善心，他就会变得温顺听话，这也是很多善良孩子的共性。

对孩子心理暗示：“你太有才了”

有的孩子看起来不聪明。这不是孩子真的不聪明，而是孩子在自我认识上有着一定的偏差；或者说是孩子的自卑造成的表现不好。其实，这些孩子的智商是很好的，是一些其他的因素压制了孩子的智力表现。因此，父母在教育“伪笨”的孩子时，用赏识的教育方式，能激发出孩子的巨大潜能，使孩子在学习生活中，表现出聪明活泼来。

对于一个成绩不好的孩子来说，在他的潜意识中，他会认为成绩好的同学是聪明的，换言之，他们就是认为自己是笨的。这样，孩子就会“破罐破摔”，孩子“不聪明”就会越不聪明。如果父母经常告诉孩子他是聪明的，这会使孩子受到精神上的鼓舞，虽然告诉孩子“你太有才了”是一句微不足道的话，但对于孩子来说，却是一种需要，一种满足，甚至可以转化成一股积极向上的力量。日本的一项研究表明，经常受到父母夸奖和很少受到父母夸奖的孩子，前者成才率比后者高五倍。这就是赞赏孩子的力量。父母都知道：如果今天夸孩子听话，第二天孩子会更听话；如果今天夸孩子的字比昨天写得好了，明天的字准写得更工整……这是孩子的一种特性，在受到大人的夸奖时，孩子会产生成就感和自豪感，这就会促使孩子不断地进步。

生活中更多的是这样的孩子：他们的学习成绩很差，就连很简单的题目都不会做；他们不善言谈，行动也没有聪明孩子那么敏捷；他们往往是笨手笨脚的，一件简单的事，他们做起来会弄得很复杂……对于这样的孩子，父母要及时抓住他们的优点，对他们说："你真棒！""做得很好！""你太有才了"，这样的话对孩子说多了，孩子自然就会得到一种心理暗示：原来自己也不笨，自己也会得到他人的肯定。这样，孩子就会不停地向这个方向努力。孩子知道主动地磨练自己时，就会最有效果，进步得就会最快。这样，"伪笨"的孩子释放出了聪明的灵气，在某些方面存在不足的孩子也得到了锻炼。久而久之，孩子看起来就会变得很聪明了。因此不难看出，告诉孩子"你太有才了"，就是适时地去夸一下孩子。

"笨孩子"对待一个问题反应慢一些，甚至对自己所做的事把握不好，当然，他们也缺乏自信。此时，需要父母对孩子进行引导和激励。父母可以在事前肯定他们的进步，夸他们已取得的成绩，给孩子打气，使他们充满自信地去做事。有了自信和自主，笨孩子也会很好地完成预定的事。所以，经常采用这种事前夸的方法，可以使能力稍差一点的孩子养成自我激励的良好习惯，这样，会激发出孩子的潜能。

"笨孩子"做事普遍缺乏耐心，常常虎头蛇尾。因此，父母要在孩子做事的整个过程中，用赏识的态度欣赏他们做出的每一点成绩，帮助他们克服各种困难，不断地去取得一个又一个的胜利，直到最后的成功。这样可以培养孩子坚韧不拔的品质和刻苦钻研的学习精神。

"笨孩子"经常会做出各种错事，很多时候是好心办了坏事。孩子的自尊心是很强的，因此，在他们做错了事以后，父母要一分为二地评价他们，充分肯定孩子好的一面。这样告诉孩子："你太有才了"，可以培养孩子正确的自我评价能力，提高自我教育的心理素质。

这种赞赏的教育方式，不仅能激发孩子的潜能，更是要孩子有"我不笨”的心理。相反地，如果某个父母当着孩子的面和其他人说“我这个孩子又笨又傻，什么都不会”，如果经常这样说的话，孩子不笨也变笨了。因此，夸孩子可以增强对孩子的激励性，使孩子感受到自己的成功正是聪明得来的，孩子就会受到鼓舞而不断进步。

所以，**哪怕天下所有的人都说你的孩子是一个笨蛋，哪怕天下所有的人都看不起你的这个笨孩子，做父母的都要一如既往地拥抱他、夸赏他。因为孩子找到了自己是聪明孩子的感觉，他就会成为聪明的孩子！**

让孩子抛去心理的包袱

孩子有压力吗？有！特别是学习成绩不好的孩子，他会面临着来自各个方面的压力。父母大都不能看到压在孩子身上这种压力的沉重。大多数孩子的厌学与他们是否聪明没多大关系。孩子在心理产生的压力将直接影响孩子的学习和成绩。很多厌学的学生一般都是由于学习跟不上，经常受到老师的批评，父母的责怪以及同学们的轻视。面对这几方面的压力，孩子索性破罐子破摔，经常逃学……

因此，孩子的压力来自几个方面：

一是家人的期望。一个孩子的身后往往有很多人对他寄予期望，当孩子满足不了他们的时候，这种期望就会变成孩子学习的压力。

二是来自于老师。对于一个成绩差的孩子来说，老师对他的学习要求和对他的放弃都会在孩子的心理造成压力，其中的原因在前文已经提到过。

三是来自同学。孩子学习成绩不好，在同学之间也会抬不起头来。这种在同学面前的失败感也是孩子的压力之一。

四是突如其来的压力。这种压力往往是不可预见的，比如将面对老师的责罚，在学习任务面前束手无策等。

作为父母要看到孩子的压力，要主动给孩子减压，这样就不会使孩子彻底地瘫倒在压力的泥滩中。孩子大都是带着压力在学习的，当孩子的压力达到一定程度的时候，这就须及时地去给予排解，不然，孩子就会因为心理的稚嫩而承受不起，其结果就是产生厌学情绪。所以，父母要及时了解孩子的压力，学会给孩子释压。

要给孩子释压，首先面临如何保护孩子自尊心的问题。现在有些父母见不得孩子有一点错，一旦犯错就让孩子抬不起头来。要知道你给孩子多一份自尊，孩子就会多一份快乐。遇到问题，使孩子有个心理缓冲的过程。孩子有错父母不要一味地批评，父母要引导孩子学会反思自己，看问题能一分为二。父母要明白孩子在人格上和成人是平等的。

要想给孩子释压，还要降低期望值，对孩子的期望值不要太高。尽管所有父母都希望自己的孩子能出类拔萃，所有父母都望子成龙，但在内心中对待孩子还要客观一些，因为不可能每一个人都能成为清华、北大的学生。让孩子善良、正直、健康地成长才是更重要的事情。父母尊重孩子的另一方面就是尊重孩子的爱好。孩子有爱好是很自然的，会开阔孩子的视野，培养孩子积极的人生态度。有些父母对孩子的爱好一律禁止，凡是与文化课学习没关系的活动都不许参加。这样做的结果，培养出来的孩子视线狭窄，遇到小小的挫折就容易钻进死胡同。

给孩子减压，学校、社会都有责任，但学生压力主要来自父母。有的父母不顾主客观条件，忽视孩子的天性，完全用父母的意志塑造孩子，以为有高投入就得有高产出。因此，若给孩子减压，首先就要调整父母的心态，抛弃不切实际的想法，保持平常心。

从老师那一方面来说，父母不可能给孩子都找到好老师，但要给孩子找一个好班主任。有这样一个例子就是很好的证明。一个孩子前后两个班主任，高一的班主任这样说："你们父母放心，再调皮的学生我也有办法对付，我治他们的办法多了，谁也别想在我这里犯刺。"这个老师确实够厉害，每天对孩子说的话除了讽刺就是挖苦，听不到一点鼓励。孩子本来成绩就不好，老师的讽刺和挖苦给孩子造成了很大的压力，孩子的学习根本没有什么积极性可言。高二换了班主任，老师是这样开场的："我觉得我们班的孩子都很可爱，每个人都很有特点。"一句话听得孩子们眼泪差点掉下来，心里面热乎乎的。孩子的学习热情比以前高了许多，班上的成绩也有很大的提高。一种是施压，一种是释压，老师对待孩子的态度不同，孩子学习的态度也会不同。所以，教育工作者应遵循以下的规矩做人做事：确立育人为本，服务至上的教育思想；坚持以柔克刚，循循善诱的教育方法；营造民主平等、健康活泼的教学气氛。这样孩子待在学校里就不会有太大的压力。

学生、老师之间总会产生一些矛盾，这很正常，关键是父母要及时与孩子的老师沟通，弄清矛盾的原因所在，及时化解矛盾。孩子在学校的情况他们自己一般是不愿同父母讲的，老师也没有太多的机会及时对父母讲，父母又没有察觉到孩子的心理变化，几方面一耽搁，做疏导工作的机会就贻误了。

对孩子所造成的压力，当孩子老师和父母的压力减小了以后，孩子的心态就会大不一样，孩子就会有一份自信，这就让孩子抛去了心理的包袱，孩子在学习的道路上就跑得更快了。

注重打造孩子的意志力

一个优秀的孩子，他做事会有一股持久的毅力，这是所谓的意志力，也是一种良好的心理素质。一个意志坚强的人，在面对社会、工作和学习所带来的压力时，他都能勇敢地把这份属于自己的责任担当起来，不管遇到多少苦难，他都会坚持下去。因此，对于孩子意志力的培养，是从平凡到优秀路上的一种不可缺少的精神。当下的很多孩子，一会儿学这，一会儿学那，一天到晚忙忙碌碌却不见成效，行动没有目的性，学习没有计划；做事也是“前怕狼，后怕虎”，犹豫不决，缺乏果断性；他们自制力也很差，上课经常开小差，学习时精力无法集中。所有的这些表现，都说明孩子缺乏坚强的意志力。因此，要使孩子优秀，父母对孩子的意志力的培养要多下功夫。

孩子的意志力不是天生就有的，它需要父母后天对孩子进行这方面的引导。父母在孩子小时候，就用小事来培养孩子做事的能力，孩子哪怕是花了很长时间和很多精力才能完成，也要让孩子坚持做下去，这是磨练孩子意志力最好的方法。

培养孩子的意志力，要随着孩子年龄的增长和能力的加强，从易到难，让孩子逐步接受挫折的挑战，使孩子逐渐变得坚强起来。日本电视剧《女王的教室》，故事中的老师不惜将自己当成一面墙壁，故意引发很多的事情，让学生经历许多的磨难，被当作学生生活中“恶魔”，他以这样的方法使学生心智成熟，增强面对困难时斗争的勇气。俗话说：“宝剑锋从磨砺出，梅花香自苦寒来”，“不经历风雨，怎能见彩虹，没有人能随随便便成功”，所有这些表明，父母要使孩子在生活的磨砺中变得更坚强，这样才能使孩子更优秀。

1.用独立的生活引导出孩子的意志力

从孩子能站立那时起，父母就要给孩子一些简单的事情做，让孩子独立来完成，这样来锻炼孩子的意志力。比如，让孩子自己摸索着穿衣服，要孩子自己尽量把自己的东西收拾好，自己吃饭，自己大小便等。孩子在做这些事情的时候，往往需要克服困难，孩子就在克服这些困难的过程中，使自己的意志得到了很好的锻炼。

2.给孩子设障碍

现在的孩子，过着“衣来伸手，饭来张口”的日子。在这种状态下，父母往往缺失对孩子意志力的培养，孩子往往也是生在福中不知福。因此，父母要适当地设一些障碍来有意地培养孩子的意志力。一位父亲是这样给孩子设障碍培养孩子坚强意志力的：在孩子2岁的时候，地下有一块小石头，有一半埋在土里，他让孩子把它挖出来，孩子用一根小木棍在地上抠着这块石头，直到抠了一个下午，弄得满脸是泥，手也磨坏了，儿子才把石头给抠了出来。其实，这块石头对这位父亲来说没有任何用途，但就是这块石头给了孩子莫大的锻炼，在那么难抠的石头面前，孩子没有退缩，没有半途而废，这正锻炼了孩子可贵的意志力。

3. 要求孩子做好每件事

在小时候，林肯的父亲就告诫他说："无论从事何种工作，一定要全力以赴、一丝不苟。能做到这一点，就不需为自己的前途操心。因为世界上到处都是散漫粗心的人，那些做事善始善终的人是供不应求、深受欢迎的，只有认认真真做事的人才是未来竞争的成功者。"就是林肯后来当了总统，他也把父亲的这句话依然当作自己的一句座右铭。因为做好每件事，不仅能体现一个人的责任心，更是锻炼一个人意志力的重要手段。孩子由于年龄小，他们做事往往会虎头蛇尾，这时，父母要严格要求孩子把每一件事做完、做好，不要因为孩子缺乏耐心或事情的难度较大，而看着孩子放弃手上的事，要孩子能完成百分之百的，就绝不要他只做百分之九十九。

孩子在成长的过程中，如果没有意志力，做事就常会半途而废，半途而废就意味放弃，放弃就意味着失败。所以巴尔扎克说："苦难，对于天才是一块垫脚石，对于能干的人是一笔财富，对于弱者是一个万丈深渊。"因此要告诉孩子：一个人在生活中每天都要克服困难，无能的人绕着困难走，优秀的人迎着困难行，克服一个小困难就是一次成功，克服一个大困难就是一次胜利，有坚强意志的人，才能在人生的旅途上不断进步。

乐观的心态为什么如此重要

德国哲学家康德认为："快乐就是我们的需求得到了满足。"可是在孩子的身上，我们又发现这句话不完全是正确的。比如孩子想得到一件玩具，为了让他高兴，买了回来，可过不了几天就被他弄得支离破碎了，孩子又哭闹着要求得到别的东西，并没有因为自己这个需求得到了满足而快乐起来。所以说，无论孩子的年纪有多大，他们都不会因为父母期望他们能够快乐他们就自然而然地快乐起来，同时，他们的快乐也不一定会因对物质东西的要求得到满足而产生。那么，父母应该怎样让孩子快乐起来呢？乐观的态度是人快乐的加油站。对于孩子来说，父母只要培养他一种乐观的心态，快乐就会像泉水一样汩汩而出。

乐观，作为一种最为积极的性格因素之一，就是指无论在什么情况下，即使条件和环境再差也保持良好的心态，相信坏的遭遇总会过去，相信阳光总会再来的心境。华盛顿说："一切的和谐与平衡，健康与健美，成功与幸福，都是由乐观与希望的向上心理产生与造成的。"乐观的心态就是承认事物的不完整性，就是不被偶尔的挫折和磨难所感伤，因为感伤并不能把我们的命运改变。如果想让孩子有一份乐观的心态，父母的培养和精神上的支持是必不可少的。

1.父母的乐观态度会感染孩子

父母是孩子的第一任老师，孩子性格的生成在很大程度上也会受到父母的影响。所以在日常的生活当中，父母在孩子面前要尽量表现出乐观来，努力营造出一种快乐的气氛。在现代的家庭教育中，我们越来越发现，养育孩子的过程也是父母不断充实与学习的过程。所以更为重要的，是父母要拥有一颗真正乐观的心，要知道，父母乐观处事的事例对于孩子是最好的教科书。

2.让孩子多参加有意义的活动

有资料显示，与人多交流和参加一些有意义的活动都可以增进人体的健康和人的乐观情绪。当一个人创造出了某件成果或完成了某项有意义的活动时，很自然地就会感觉到快乐。因此可以说，快乐是伴随完成某种成就的努力而产生的，它是一种动机力量，有利于孩子的健康成长。例如，孩子在学校举办的运动会上取得了较好的名次，受到了学校的表彰和同学的羡慕，此时他内心中体验到的就是真正的快乐，因为他通过努力完成了一件事情，而且取得了成功，会有一种成就感。正是这种感觉，使他得到了充沛的力量和信心，对自己有了更加一步的肯定。

快乐不是人追求的直接结果，也就是说人不会因为想要快乐就会得到快乐，所以作为父母，我们不能教给孩子如何去快乐，而应该让孩子多参加一些有意义的活动。孩子在与人交往和游戏的过程中，会在不知不觉中增长对自己的信心，会在活动和活动成果中得到更多的体验，更关键的是，从中孩子还可以得到对世界、对社会和他人的信心，得到对人宽容和忍耐的力量，而这些是一个人乐观的基础。

3.不要给孩子太多的压抑

快乐是一种基本的情绪，在人的本性中就有快乐的成分。孩子在出生后的2个月左右，就有了社会性的微笑。可是随着孩子年龄的一天天增加，父母的要求也水涨船高。孩子还很小的时候，叫一声“爸爸、妈妈”父母就因此高兴半天，可长大了之后，为了孩子的升学、就业，父母总会一厢情愿地做出诸多安排，对于孩子个人的想法、兴趣爱好总是在各方面做出过分的限制，目的就是为了让孩子按照自己设定好的方向发展。这样一来，孩子的天性被压抑了下去，每天只能像个木偶似的，又怎么会有快乐呢？因此，如果想让孩子得到快乐，就应该减轻他们身上的负担，给他们一个自由自在活动的空间。

4.不要对孩子感情冷淡

有关专家曾指出，一个从小就没有感情体验和感情依恋的孩子，在他长大之后也不会对他人施以爱和同情，他将生活在一种冷漠无情的氛围之中，很少体验快乐，难以与人相处，当然也就不会具备乐观的精神。因此，不管自己的工作有多么繁忙，也要尽可能多抽出一些时间来陪陪孩子，和他一起做游戏，询问一下他觉得今天发生的那些事情是有趣的，或者就某个问题交换一下彼此的看法。对孩子的抚养不要依赖于孩子的祖父母，甚至保姆，也不要把所有教育孩子的责任都推卸给老师。

5.让孩子持有一颗平常心

由于现在的家庭中大多只有一个孩子，所以他们从一生下来就受到爸爸妈妈、爷爷奶奶、外公外婆的多重疼爱，可以说是在温室中长大的，没有经历过多少风雨，因此在他们的意识中根本就不知道有艰难困苦的存在，更不要说如何去面对和克服它们了。就是因为这个原因，在日常的生活当中父母应该给孩子多一些接触各类事物的机会，当孩子接触到的事情多了，见识广博了，心胸自然也就随之开阔，悲观的思想便不容易产生了。用一颗平常心来面对生活中遇到的各种困难，并不是一种消极的态度。在孩子开始接触事物的时候，父母可以采用暗示的方法来让孩子主动提问、主动要求、主动学习。在孩子做一件事情的过程中，父母要用表扬、奖励等方法来强化孩子的自主观念。当孩子在行动的过程中遭受到了挫折和打击，父母要帮助孩子总结经验和教训，并且激励孩子，告诉他失败了一次不要紧，还可以重新再来一次。

乐观是一种对人生的态度，是人快乐的加油站，在人一生的旅途中，谁都难免会碰到各种各样的困境，记住，让孩子随身携带好快乐的加油站。

第08辑

掌握孩子青春期的心理特点

孩子春心萌动时的心理奥秘

青春期是儿童向成人过渡的中心阶段，有人把它称为“人生历程的十字路口”。它既与儿童有别，又与成人不同。贯穿青春期的最大特征是性发育的开始并逐步完成，与此同时男女青年在心理方面的最大变化，也反映在性心理领域。他们对性的意识，由不自觉到自觉；对性对象，由同性转为异性；对异性的兴趣，由反感——爱慕——初恋。几乎是每个人必经的历程。但由于在整个青春期中，青年人的情绪多动摇不定，容易变化，如果不注意及时引导，常可使某些青年滋长不健康的性心理，以致早恋早婚、荒废学业，有的甚至触犯刑法，走上犯罪的道路。因此，不论青年本人、父母或老师，均应对青春期的性心理变化有一定了解，才会培养出不仅体质健美而且有健康心理的青年一代。

青春期性意识的发展一般可分为四个时期：

1. 性抵触期在青春发育之初

有一段较短的时期，孩子总想远远避开异性，以少女表现得尤为明显。这主要与生理因素有关。由于第二性征的出现，使孩子对自身所发生的剧变感到茫然与害羞，本能地产生对异性的疏远，部分人甚至对异性反感。此期间持续一年左右。

2. 仰慕长者期在青春发育中期

男女青年常对周围环境中的某些在体育、文艺、学识以及外貌上特别出众者（多数是同性或异性的年长者），在精神上引起共鸣，仰慕爱戴、心向往之，而且尽量模仿这些长者的言谈举动，以至入迷。

3. 向往异性期至青春发育后期

随着性发育的渐趋成熟，青年人常对与自己年龄相当的异性产生兴趣，并希望有机会接触异性，或在各种场会想办法吸引异性对自己的注意。但由于孩子情绪不稳，自我意识甚强，因而在接触过程中，容易引起冲突，常因琐碎小事而争吵甚至绝交，因此交往对象常有变换。

4. 恋爱期青春发育完成已达成年阶段

青年把友情集中寄予自己钟情的一个异性身上，彼此常在一起，情投意合，在工作、学习中互相帮助，生活中互相照顾体贴，憧憬婚后的美满生活，并开始为组织未来的家庭做准备工作。这时的青年对周围环境的注意减少，女青年常充满浪漫的幻想，向往被爱，易于多愁善感；男青年则有强烈爱别人的欲望，从而得到独立感的满足，他们的心情往往较兴奋。

青春期性心理发展的特点

一般随着性心理的发展，孩子大多都表现出一系列性心理行为，如对性知识的兴趣、对异性的好感、性欲望、性冲动、性幻想和性行为等，概括起来青春期性心理的特点主要表现为：

1. 性心理的朦胧性和神秘感

孩子的性心理起初缺乏深刻的社会内容，基本上还是一种生理急剧变化带来的本能作用，好像鬼使神差似地使他们对异性发生兴趣、好感与爱慕，但是这种性的萌动，似乎披着一层朦胧的轻纱，其中不少男女青年并不了解多少有关性的知识，只是对性有较浓厚的神秘感。这时他（她）们对异性的兴趣、好感和爱慕，主要由于异性的吸引，正是在此基础上，在朦胧纷乱的心理变化中，性意识会逐渐强烈和成熟起来。

2. 性意识的强烈性和表现上的文饰性

青春期心理上显著的特点是它的闭锁性和强烈的求理解性，这也导致了他们性心理外显方式的文饰性。一方面他们十分重视自己在异性心目中的印象与评价，另一方面却又表现得拘谨、羞涩和冷淡。他们内心对某异性很感兴趣，但表面上却又有意无意地表现得好像无动于衷，不屑一顾，或作出回避的样子；他们有时表现得十分讨厌那种男女亲昵的动作，但有时实际上又很希望自己能体验体验……

这些矛盾心理的表现，往往使他（她）们产生种种冲突与苦恼。

3. 性心理的动荡性和压抑性

青春期是人一生中性能量最旺盛的时期。但由于这时不少孩子的心理不够成熟，还没有形成稳固的性道德观和恋爱观，加上自我控制的能力很弱，因而很容易受到外界因素的影响而动荡不安。

现实生活丰富多采，五花八门的性信息，不良的影视镜头，流传的淫秽书刊，特别是西方资产阶级的“性解放”和“性自由”的思想影响，极易使个别青年的性意识受到错误的强化而沉醉于谈情说爱之中，甚至发生性过失、性犯罪。与此相反，另一部分青年由于性的能量得不到合理的疏导、升华而导致过分的压抑，有少数人还可能以扭曲的方式、变态行为表现出来，如“厕所文学”、窥视或恋物等。

4. 男女性心理的差异性

青春期的性心理由于不同的性别也有明显的差异。在对异性感情的流露上，男性表现得较为明显和热烈，女性表现得含蓄和深沉；在内心体验上，男性更多的是新奇、喜悦和神秘，女性则常常是惊慌、羞涩和不知所措；在表达方式上，男性一般较主动，女性往往采取暗示的方式。

男孩发生遗精该怎样调适心理

男孩进入青春期后，生殖器官发育成熟，不断产生精子。生殖器官在受到内、外刺激后，会不自觉将精子排除体外，这就是遗精。遗精常常发生在晚上做梦的时候，所以也称“梦遗”。遗精现象相当普遍，据统计，未婚青年中约90%的人都有这种现象。

有个男孩在自己的日记中写道：“我在半夜时分惊醒了。我的肚子上这么湿，满是黏糊糊的东西。我当时想，天哪，我尿床了吗？我都这么大了，13岁了。几天后，也许是一个星期后，又发生了一次。这时我才更多地注意到，这湿东西不是尿。它又白又稠，像洗涤剂或奶油，黏糊糊的。我是不是得了什么病了。”

男孩出现遗精是走向成人的标志，意味着他从此具有了生育能力，进入了青年时代，应肩负起家庭、社会的责任。男孩首次遗精的年龄多数为14~16岁，首次遗精的年龄与个各人的身体素质、营养状况、神经系统发育完善和性激素的水平、所接受的性信息的频繁等均有关。家庭经济水准较高，膳食营养状况较好，或经常口服各种营养液，甚至含性激素之类的保健品的，性发育可提前成熟。经常接触有性文化内容的书刊、影视等，性兴奋中枢处于冲动状态，也可导致性发育提前。

男孩发生遗精的主要原因：一是生理因素。男孩随着性发育的进展，睾丸产生精子，前列腺和精囊等分泌液体，达到一定量后，体内已无处可容，就以遗精的方式排出体外，这就是所谓的“精满自溢”的缘故。二是外界刺激。遗精通常与异性接触有关，但也可能只是因为比赛、考试等而感到紧张，因而发生。也可因白天过于疲劳或兴奋，内裤过紧，仰卧入睡后被子过重、过热或脚心受凉都可能引起反射性遗精。男孩发生遗精后，往往处于一种紧张、羞涩状态，甚至有犯罪感，害怕别人知道。其实，梦遗就像女孩来月经一样，完全属于正常的生理现象。

大多数男孩对首次遗精通常缺乏心理上和知识上的准备。即使他以前知道有遗精（或射精）这样一种现象，但毕竟没有亲身体验过，因此一旦发生在自己身上，他必定会感到突然、意外或惊讶；他必然要急于寻求解释和原因，以便对此做出合理的判断。不然，他的内心就会感到焦虑和不安。

男孩对遗精感到焦虑和不安主要有以下三个原因：

一是遗精一般都在睡梦中，但是如果在时间上恰好发生在病前病后、考试或劳累前后、有较大事件发生的前后，男孩就会不由自主地把前后的事情跟遗精联系在一起，认为那件事是遗精的原因或后果。如果是好事还不要紧，若偏巧是坏事或者他不能理解的事，他就会产生恐惧、焦虑和不安。

二是我国民间有些传统观念是不正确的，例如：认为“一滴精，十滴血”、“失精伤身”、“精子是身体元气”等等，这些观念和认识会使男孩感到遗精伤害了自己的身体，由此产生焦虑和不安。

三是年龄相仿的男孩所提供的错误信息也是导致不安的根源。尽管每人都遗精了，或者每人都还没有遗精，只要有一个男孩透露或者提到这件事，大家都会为了遮羞而一起哄他，结果就会使这位男孩觉得自己因遗精而见不得人。

那么，怎样才能消除遗精的焦虑和紧张心理呢？

1. 正确地看待遗精

父母要引导孩子消除不必要的紧张心理，首先需要正确地看待遗精。遗精是正常现象，算不上是病。由于遗精往往会造成精神上紧张，容易形成心理负担，出现失眠、头痛、头晕、无精打采、胃口不好、疲乏无力等症状，因此，对遗精现象，千万不要害怕，更不必惊恐和焦虑。

2. 减少性刺激

要求孩子把主要精力放在学习上；要多参加集体活动；不看色情书

刊、画册、影视等，不参与色情内容的议论等。

3.养成良好的生活习惯

要求孩子做到早睡早起，多参加体育锻炼，增强体质，但要注意劳逸结合。同时，要加强营养，适当补充必要的蛋白质、维生素等，以增强体力。不穿紧身衣裤，晚上不盖过重过暖的被褥，睡觉时最好采取侧卧，以免造成局部的刺激和压迫，引起遗精的发生。注意下身的清洁卫生，养成每天用水清洗的习惯。常换内裤、床单。睡觉前枕边准备一块干净毛巾和一条内裤，一旦因夜间遗精惊醒后，可用干净毛巾擦干净，换上干净内裤，不用担心弄脏被褥。

另外，要提醒孩子向长辈如父母、老师和同伴询问你不明白的性知识。但是要提醒孩子，注意时间、场合和对象，最好坦诚地请教自己的同性长辈，也可与同性同伴探讨，或者看一些有关的书籍。只要你拥有一个平衡的心态，放松自己，你完全可以料理自己。

什么是青春期的性敏感

按照生物学发展规律，人一到青春期，随着内分泌激素的分泌增多，开始出现对性问题的关心是十分自然的。相反由于先天或后天内分泌的紊乱等原因，可致性器官发育异常，或由于社会、家庭的教养不当，也可致性心理发展失调或变态，青春期的性敏感就是其中之一。下面举两个例子：

一位高中女学生自述说：“我今年16岁，初涉人生，对一些事情还看不透、想不透。我想知道，为什么现在的男孩对女孩表现出不同以前的态度。我和一个表哥从小无拘无束。可是现在长大了，反而不同了。大家都说我身材好，人漂亮，又善良。于是表哥看我像明星一样，天天买东西送给我，我不明白为什么。

“还有，为什么会有人对我们女孩这么感兴趣?某一天晚上，天上没有月亮，只有寥寥可数的几颗星星，我和班上的一个女同学上厕所。这时，我看到墙上好像有个东西一动，我一阵紧张，想到了鬼，心里着实害怕。但忍不住又看了一眼，黑咕隆咚之中那分明是一张男同学的脸，吓得我大叫一声。然后，我的心整日都在咚咚跳，久久不能安静下来。不知为什么，现在我见到男同学都害怕，似乎他们的眼睛无时不在对我偷看，躲又躲不掉。为此，我的学习热情完全被打消了，甚至想休学、退学，可是又有矛盾，因为我每天情不自禁地还是想着学校，想着那些每天看着我的男同学，在害怕之余，有着一种说不出的滋味。”

还有另一位19岁的大学男生说道：“我很内向，父母管得也很严格，所以我只知道念书，念书，考大学。第一次离开家，我对世界充满了陌生，好奇和新鲜感，但又感到恐怖莫测。班里的女同学个个都像朵花，娇艳妩媚，不少大城市的男同学和她们说说闹闹，一起跳舞嬉戏，可我却总不知道如何去接近她们，每次都弄个大红脸，甚至未等接近就满头大汗。

“我苦闷极了。出于生理的驱动，我有时用幻想来满足自己，但事后总感到懊悔和空虚。有一次做梦，不知哪里来的胆量，我居然抱住一个女同学……醒后仍心有余悸，觉得自己干了坏事。白天，又总是回味着梦，慢慢地脑子里就出现了一个想抱女人的念头。只要一见到女同学，这种坏念头就出现，明知这种想法是不道德的是要犯罪的，但就是克制不住，只好整日躺在宿舍里蒙头睡觉，最怕见到女人。我痛苦已极，怎么也摆脱不掉这种念头。我想到了自杀，想以死来惩罚自己……”

从表面来看，前者患的是“社交恐怖症”，怕见异性；后者是强迫症，有遏制不住的想法。但研究其原因，都是由于性心理发展迟滞所造成的“性敏感症”。

发展迟滞的原因主要是由于缺乏童年到青春期这一阶段的早期性教育。有些父母常以自己的早年体验和传统的教养方式，对子女进行半愚昧的管束。对其他科学知识广开门路，但对这些知识却予以封闭，结果在身体和智力方面可能高人一头，而性心理水平则往往低于常态。

现代杰出的精神分析学家弗洛伊德曾说过，越是被禁锢的东西，越是人们向往的东西。一旦这种禁锢与生物学规律发生冲突时，由于缺乏正确诱导和自我调节能力，便往往陷入焦虑之中，其结果则形成一种生物欲求和社会规范之间的对抗状态，这便是性敏感症发生的机理。

如何预防孩子的性过敏症？最关键的还在于正确的性教育，这种教育要从三个方面着手。一是基本的性生理知识，二是青春期男女的心理特征，三是性的社会与道德意识。成人们都应该懂得，进入青春期的男女，都有自己的内心世界，在他们封闭着的天地里，充满了幻想和情欲，但很少向父母透露，一部分在压抑中求其自然地发泄或增长，一部分则可能对同伴和知己倾吐，从互相交流各自的体验中获得理解和领悟。因此有些父母根本不知道子女们心理发生了什么故障，明知情绪不对头，也追问不出所以然来，于是只好放任不理，只要行为上没异常就满意了。

有性敏感的孩子，应及时找心理医生进行咨询，把想法和问题全提出来，然后听从医生的心理指导。属于一般的性敏感(如第一例)经过疏导，会很快好转。对特殊情况(如第二例)就要采取心理治疗与药物疗法兼顾的措施。

事实上，有强迫思维症者，很少发生行为问题，因此没有必要担心会做出违法举动。广泛的交往以抒发情感，多方面的知识以开阔视野，这扇禁闭着的心闸门会自动开启，使人的心境明朗起来。所谓的社会与道德意识，是在与社会相适应的过程中形成的。社会已经做了合理的人人接受的准则，那就没有必要再为自己加上一层清规戒律，从思想上固步自封了。

青春期容易引发的心理问题

青少年期是一个从幼稚走向成熟的过渡期，是一个朝气蓬勃、充满活力的时期，是一个开始由家庭更多地迈进社会的时期，同时也是一个变化巨大，面临多种危机的时期。据专家估计我国目前初中生心理不健康的约为15%，高中生约为19%。在心理咨询中，青少年期常见的心理问题大致表现在如下几个方面：

1. 心理障碍

孩子心理问题中最常见也最严重的要数抑郁征，因为由其导致的自杀给家庭带来不可估量的伤害和损失。如果学生在一段时间内体验到心情不愉快、高兴不起来、烦闷，对平时感兴趣的事情变得乏味，思考能力下降、脑子变钝、注意力难集中、记忆减退，学习失去了动力、人变“懒”了，甚至厌学，对成绩下降变得无所谓或对什么都无所谓，以及失眠、全身乏力、食欲不振等，甚至感到活着没意义、产生轻生的念头，应及早求教于专科医生，以防不良后果的发生和疾病的进一步的发展。

对人恐怖症也是青春期常见的心理疾病，表现为见到异性表情不自然、感到脸红、怕跟人目光对视或怕被别人目光注视，控制不住用“余光”看人或控制不住目光看对方的敏感部位，觉得别人能看出她(他)的表情变化和窘态，能洞察到他内心的想法等等，于是避开他人，影响和别人的交往，非常焦急痛苦，但往往因症状难于启齿而不敢就医，通常要到走上社会工作之后，感到实在无法忍受才寻求治疗，从发病到治疗已煎熬了多年甚至十余年。强迫症也存在类似的情况。

2. 产生性烦恼和性困惑

性烦恼的产生是由于性意识觉醒之后孩子的生理需求与社会行为规范

的矛盾所致。性困惑的由来是孩子对自身性发育、性成熟的生理变化产生神奇感及探索心理。由于社会伦理道德的约束和对性教育的神秘化，常会导致孩子的心理冲突。他们常认为“性是不好的”、“对异性长辈出现性幻想是可耻的”、“手淫对身体是有害的”等，出现对性的消极评价和过度的性压抑。通过对各种神经质症的深入研究，我们有理由相信，由错误的性观念而引起的对手淫、性幻想等的严厉的自我惩罚(心理的或生理的)是导致产生神经质症状发生的心理温床的重要原因之一，尤其是严重的自卑感、对人恐怖症等症状。男孩对手淫、遗精、性梦的错误认识，女孩对月经、性幻想、自己体象的消极认知和评价，偷看黄色录像，早恋及过早性行为等，是青少年期较为突出的心理行为问题。改变对性的态度应是人生心理修养的一个重要内容。

3.学习压力

对于不少孩子而言，唯一的任务就是读书。中学生学习负担过重，常给他们带来沉重的心理压力，因为学习压力而陷入痛苦的孩子屡见不鲜。这其中不乏重点学校成绩优秀的学生，他们的思想压力常来源于他们对学习现状的不满和不恰当的比较，不能接受自己的现状，过分注重结果，而体会不到学习的兴趣，整个社会、整个学校都在比较的氛围中，要学生真正做到放弃比较，接纳自己的确不易。考试焦虑、厌学及学习过程中的注意力、记忆力问题等，是孩子及父母前来咨询的常见问题。这些情况在期末、期中、升中、高考、周围环境发生重大变化(如父母关系发生突变等)时更为集中和突出。有些孩子承受不了这些心理压力，有时会表现出异乎寻常的反抗情绪，形成家庭暴力，有极个别甚至消极自杀。现在全社会都在呼吁给中小学生减压，希望情况会有所好转。

4.人际交往的压力

随着年龄的增长，独立意识的增强，孩子与社会的交往越来越广泛，他们渴望独立的愿望日益变得强烈，社会交往、发展亲密的伙伴关系是孩子一种精神需要。因人际关系压力而烦恼的年轻人通常表现为自卑、过分注意他人评价、容易受到伤害、虚荣心强、怕丢面子等。

一方面，他们要求独立，希望能够摆脱依赖父母的生活，渴望走出家庭，建立伙伴关系；另一方面，又缺乏信心，害怕挫折。尤其是那些性格内向，心理承受能力较弱，而自尊心又极强的孩子，很容易在集体中感到压抑感和孤独感，被这种心理阴影笼罩而不能自拔。父母、教师或心理工作者应帮助孩子改变一些不恰当的认知和态度，引导孩子客观分析自己的现状。

学会接纳自己，允许自己有缺点，有失败，有可能丢面子，完善的人不存在，不要过分苛求自己，也不要对外界寄托过多过高的期望，在行动和实践中增强信心培养技巧。

5.沾染不良习惯和不良嗜好

青少年期虽然心身发展较快，但此时他们思想尚未成熟，对社会的认识能力、辨别是非能力不强，自我控制能力差；同时孩子好奇心及模仿性强。使他们很容易受同伴或不良社会风气的影响，易养成不良习惯和沾染不良嗜好。现在有不少孩子沉迷于电子游戏、电脑游戏或上网而不能自拔，严重危害了孩子的身心健康，部分孩子因交损友甚至走向吸毒、偷窃等违法犯罪之路。另外，具有行为问题(如反社会行为、家庭内暴力、出走、自杀等)的孩子，通常遭到过太多的批评、指责，他们对成年人几乎都充满敌意和不信任，往往较难纠正。对这些心理问题应及时发现才能用正确的方法来解决。

男孩青春期的心理特点

青春期是少年身心变化最为迅速而明显的时期，在这个时期，男孩从儿童的身体、外貌、行为模式、自我意识、交往与情绪特点、人生观等，都脱离了儿童的特征而逐渐成熟起来，更为接近成人。这些迅速的变化，会使少年产生困扰、自卑、不安、焦虑等心理卫生问题，甚至产生不良行为。因此，**青春期是一个既可以预测、又不可预测的时期。也就是说，在这个时期中，人从儿童向成人发展是可预测的，但是在发展过程中会出现什么情况或问题则不可预测。**

在很早以前，著名的德国儿童心理学家夏洛特•彪勒就曾把青春期称之为“消极反抗期”。以后这一名称一直被使用。由于身心的逐渐发展和成熟，个人在这个时期往往对生活采取消极反抗的态度，否定以前发展起来的一些良好本质。这种反抗倾向，会引起少年对父母、学校以及社会生活的其他要求、规范的抗拒态度和行为，从而会引起一些不利于他们的社会适应的心理卫生问题。

从青春期男孩所负担的各种义务、责任，从他们所要应付的各种问题来看，青春期也是一个负担很重的时期。青春期是过渡时期，少年要逐渐担负一部分由成人担负的工作，环境可能不断把一些由成人来办理的事项交给他们去办理，加重了他们的负担，但这些负担是他们成熟所不可缺少的，如果不增加负担，日后不可能成熟。

青春期是一个发展的时期，这决定了他们要应付由身高、体重、肌肉力量等的发育成熟，特别是性的发育成熟所引起的各种变化及问题，心理压力相对增大过速。青春期是变化的时期，这决定了他们必须在抛弃各种孩子气、幼稚的思想观念和行为模式的同时逐步建立起较为成熟、更加符合社会规范的思想观念和行为模式。青春期是个反抗的时期，这决定了在应付自己的反抗倾向的同时，还要极力维持和保护与社会的正常关系。此外，异性兴趣、异性交往、繁重的学习任务等也给他们的身心造成极大负担，有时候还成为主要矛盾。

正确认识青春期的孤独心理

进入青春期的男孩女孩都有这样一种体验：觉得自己是大人了，于是总想一夜之间成熟起来。父母的关心不再像过去那样暖融融打动心扉，反而觉得唠叨刺耳；老师呢，在我们心中似乎也失去了往日的威信，我们干什么都不能理解；就连平时挺要好的同学，现在也不是那么亲密无间、无话不谈了，自己一肚子的心事，不知道该和谁谈。难怪进入第二次心理断乳期的少男少女总要感叹：“没人理解我！”“我好孤独！”

为什么进入青春期的少男少女会感到特别孤独呢？

心理学中将青春期称为“心理上的断乳”，指的是个体在心理上脱离父母的保护和对之的依恋，逐渐成长为独立的社会成员。心理上的成长使得他们变得自我意识更加强烈，感觉自己已经是成人了，遇到问题时更希望独立完成，借此向父母证明自己。但是他们的对人对事的思维能力还处于感性阶段，看待问题往往流于表面，容易草率行事，所以经常好心办坏事，假如再遭到周围人们的冷眼和嘲笑，心理便容易遭受挫折。类似事件如果多次发生，一旦学生的心理承受能力不能负担，就会对人对事不再积极，严重者本来乐观开朗的性格也有可能因此转变成内向抑郁性格。人际关系的不协调容易使青春期学生产生孤独心理。现在的青春期学生，基本都是独生子女，生活水平普遍较高，从小就娇生惯养。自我中心意识强烈，人际交往能力偏弱，不懂得处理与同学和老师的关系，希望同学们都注意自己，喜欢自己。但是往往事与愿违，很多学生因为父母的宠爱或者小学时期受到很多人的喜欢，但是到了青春期，进入了中学阶段，完全陌生的老师和同学使得他们无所适从，不知道该怎么处理各方面的关系了。有些学生的日常安排就是家和学校两点一线：“家是吃饭和睡觉的地方，学校是学习的地方。”导致学生朋友很少，甚至没有朋友，放假的时候只能呆在自己的天地之中，有的学生因此进入到网络游戏中寻找自我，进而沉迷入虚拟世界中，不能自拔。自闭的心态使这些学生完全忽略了人际关系，等到终于有一天发现，自己无法和同学们沟通，感到异常的孤独和寂寞的时候，这些学生就容易产生孤独心理。有的学生甚至因嫉妒心理而在学校与同学关系出现裂痕，等到放学时候想找人诉说烦恼，却发现自己没有可以倾诉的对象，心理就会愈加孤独。

这种孤独感正是孩子自我意识发展的一种表现。虽然，这是从不成熟走向成熟的正常心理反应，但若任其发展下去，会影响与同学、朋友的正常相处和交往，容易形成自我封闭、自我孤立的性格，影响正常的学习生活。曾经有这样一首诗：“当你能带着微笑、带着温馨，自然、坦诚地伸出你热情的手时，一定会有一双和你一样真挚的手向你伸来。”友情是双向的，有付出才能有收获。**孩子要获得真挚友情，交到更多的知心朋友，就要消除闭锁心理，敞开自己的心扉，以积极开放的心态主动与他人沟通与交往。养成热情、开朗的性格，人生才能更精彩。**

如何应对孩子的“心理断乳期”

当孩子进入了青春期，你就会发现，“变”成了其显著特点。随着孩子的快速发育，不仅生理上在变，心理上也是变化剧烈。父母会发现，不知从什么时候起，孩子不听话了，而且专门与父母对着干，像变了个人似的。你要他这样，他偏要那样；父母多说他两句，他要么不理睬，要么就喊烦。孩子的这种逆反心理是其进入心理学上所谓“心理断乳期”的正常反应。

随着青春期的到来，尤其是第二性征性别特征的出现，以及社会活动增多和知识面扩大，孩子的心理活动也逐渐复杂，自我意识觉醒，独立活动的愿望变得越来越强烈。但由于缺乏生活经验，不能正确理解自尊，只是强烈要求别人把他们看作成人。如果这时父母还把他们当孩子来看待，他们就觉得父母不尊重他们，就会产生厌烦和反抗心理，做出对立行为。虽然他们的自我意识和独立性有所发展，但自我控制能力还比较差，因此常会无意识地犯错误。他们喜欢怀疑别人，其实没有依据；喜欢批评别人，但很容易走极端；喜欢发表见解，却又条理不清；喜欢与人争论，却又论据不足。

“心理断乳”的真正意义是摆脱对父母的孩子式依恋，走上精神的成熟与独立，也是一个人的社会化过程。因此，父母在这一时期应该把爱孩子的重点放在帮助他们完成从孩子到成人的转变上。只满足于表面上了解孩子是不够的，父母必须学习一些心理学的知识，了解“心理断乳期”的实质，帮助孩子顺利度过“心理断乳期”。

1.父母应根据孩子的心理特点，从行为和心理上进行引导，教育的方式要多样化

应该采用平等对话的方式，让他把心里话说出来，然后父母把自己的观点、经历讲给他听，让孩子自己进行比较。

2.要理解信任孩子

父母要与他们建立一种亲密的、平等的朋友关系，要相信孩子有独立处理事情的能力；要尊重孩子的人格，充分利用孩子的“小大人”想法，针对家里的一些事情征求、听取孩子的意见；要尽可能支持他们，尤其在他们遇到困难、失败的时候，帮助他们分析事物、明辨是非，然后鼓励他们自己去正确处理。

3.父母要做出表率

在孩子遇到困难和失败时，应多给予鼓励和安慰；孩子有了成绩，要及时给予表扬；父母自己有缺点和错误，应勇于承认，立刻改正，为孩子

做出表率，使孩子从中得到启迪。

4.父母应尽量避免与孩子正面冲突

在孩子发火时，父母应保持冷静。争论激烈时，父母应转移话题或采取冷处理方式，以免孩子萌发对立情绪，使逆反心理更强烈。但父母不能过于迁就孩子的不合理的要求和不良的行为，以防孩子以后总是用反抗的方式来要挟父母，达到自己的目的。孩子平静下来之后，在适当的时候，父母应心平气和地指出孩子的错误和不当之处，使孩子积极克服爱冲动的毛病。对于比较严重的反抗行为，父母可以采取奖赏训练的方法，强化孩子的顺从行为。

5.鼓励孩子多参加有益于身心的集体活动

通过集体活动，孩子可以广交朋友，丰富、充实自己的精神生活，发展“自我”意识，正确、客观地评价自己，有利于培养活泼开朗的性格、真诚待人的品德，利于顺利度过心理断乳期。

第09辑

从心理学解析孩子的早恋

早恋形成的六个因素

早恋，指的是未成年或者生理、心智未成熟的男女建立恋爱关系或对异性感兴趣、痴情或暗恋，一般指18岁以下的孩子之间发生的爱情，特别是在校的中小学生为多。

经过在中国二十年的调查表明，在中学阶段没有发生过感情的人很少。而大多数都是暗恋、单恋（单思）。只有相互有好感，才能发展成为早恋。

早恋行为是孩子在性生理发育的基础上，也是心理转化为行为的实践。然而，一般人认为早恋会带来很多问题，如影响孩子的身心健康和学业成绩等，尤其对女孩更为明显突出，但一般不会有太严重的影响。早恋常常以失败告终，很少出现早恋能够终身厮守的；亦有人认为早恋是孩子对男女关系的探索和学习，为将来的恋爱与婚姻作准备，不宜过分禁止或压制。促成早恋有以下几个心理因素：

1.青春期性生理和性心理发育的自然本能作用

进入青春期的孩子随着生理的发展开始产生性意识。他们开始敏感地看待男女同学间的交往，他们注视着异性同学有关自己的一举一动，渐渐地，在众多的男女共同交往中逐渐由对群体异性的好感转向对个别异性的依恋，形成一对一交往的行动，即进行早恋。

2.青春期教育的缺乏

青春期如何进行健康的异性交往，如何正确区分友情与爱情，与异性交往的行为规范如何……孩子缺乏这些知识，又无行为规范训练，客观条件往往也造成与异性交往的阻力，缺乏与异性朋友建立纯真友谊的条件。

3. 孩子独立意识的作用

他们对成人世界盲目向往和追求，以为能恋爱就代表自己的成熟，而忽视了自身心理素质的培养、锻炼和提高，是缺乏理智的表现。

4. 学校中一些因素的影响

例如，班干部因工作上接触的机会多，被双方的工作能力和性格所吸引；有些同学的学习压力大，为了寻求刺激；有些同学对学习失去兴趣，把精力转移到对异性的追求上，以填补精神上的空虚；校园里一些同学公开早恋的诱惑等，都是促成中学生早恋的因素。

5. 家庭因素

中学生早恋与家庭有着密切的关系。比如父母离异，孩子缺乏家庭的温暖；父母缺乏对孩子进行性知识教育，使孩子不能正确处理异性之间的关系；父母在孩子面前过分亲昵；对孩子所看的书籍、影视录像等不加限制；有的父母对孩子的异性交往不加以指导等，都是促成中学生早恋的因素。

6. 社会因素

中学生接触的一些不健康的影视书刊、淫秽录像以及黄色网站的影响。

父母一定要了解早恋的特点

尽管孩子早恋的表现形式各异，情况不同，但早恋还是有其共同特点的。

1. 分辨不清“爱情”与“好感”的区别

步入中学阶段的少男少女，随着身心的发展，对异性同学总有一种特殊的好感与好奇心，总乐意同异性同学交往相处。这就是某些心理学家所说的“异性相吸现象”或“异性效应”。异性间的相互吸引或向往，最初往往表现出对异性的好感，有时是对所有的异性产生好感，有时是对某一位异性同学产生迷恋。这种异性相吸的现象是男女中学生互相爱护、友好相处的基础，是一种健康的友谊。但是，由于许多中学生对爱情没有正确的理解，同时也缺乏适当的性教育，不能正确认识自己初开的情窦，因而往往会把自己对异性的“好感”误以为是对异性的爱情，萌发了与异性同学谈恋爱的念头。

2.认识不到爱情与友谊的差别

随着年龄的增长，异性同学之间接触的增多，少男少女之间产生了纯洁的友谊是一种极为正常的现象，异性同学之间的友谊是很可贵的，这种友谊不仅有助于男女同学互相学习、共同进步，而且也有助于中学生学习与异性相处的能力，建立良好的人际关系，对少男少女身心健康发展都是极为有益的。尽管异性间的友谊是爱情的基本要素，也是产生爱情的前提，但是只要异性之间的友谊控制在一定的程度和范围之内，把握好“分寸”，掌握好“适度”，就不能把这种友谊称作男女之间的爱情。然而，许多中学生却认识不到友谊与爱情之间的差别，往往容易把异性友谊当作爱情。

3.中学生早恋具有盲目性

中学生的早恋实际上只是一种对异性朋友的好感，或者是异性同学之间的友谊。对于这些情窦初开的少男少女来说，他们之间的“恋爱”，往往是在不知不觉中发生的，一点儿也由不得自己控制，用俄国著名文学家屠格涅夫的话来说，它是“一种会燃烧的无法抑制的感情”。这些少男少女往往会被对方的气质、美貌、健壮的体魄、幽默的语言，或者是雄辩的口才所折服，以致使自己身不由己地要同对方接近。这样，少男少女之间的早恋就自然而然地发生了。这说明，中学生的早恋带有盲目性，缺乏明确的恋爱目的。种种实例说明，中学生的早恋实际上是一种不成熟的“感情冒进”。

4.中学生早恋具有隐蔽性

早恋的少男少女，一般是不会公开内心的秘密，特别是对父母和老师更是如此。有时对自己的知己好友、兄弟姐妹也往往守口如瓶。早恋之所以有爱的这种隐蔽性，一方面是由于中学生怕招致父母、教师的反对和训斥，同学、朋友、兄弟姐妹们的讥笑和讽刺，另一方面也与少男少女第一次性交的冲动来临时所产生的不安和“心理闭锁性”有关。早恋的这一特点为教师、父母及早发现早恋并及时加以引导带来了困难，增强了工作的难度。某些粗心的父母和老师，对孩子早已陷入早恋毫无觉察，一直“蒙在鼓里”，直到问题严重败露时，才恍然大悟。这是为人师、为人父母者所必须警觉的！

5.中学生早恋具有兴奋性和冲动性

早恋的这一特点与少男少女的情感特征有关。青春期常被人们称作是情感的“狂风怒涛”时代。也就是说中学生时期，激情占优势，他们的情感具有强烈、不稳定、易冲动的特点。与此相适应，早恋的中学生往往会对恋人产生强烈的亲近欲望，因而，在与对方相处时，言行、举止常常表现得特别兴奋和冲动。早恋的这种特点常常会产生难以挽回的后果：某些少男少女由于在与对方相处时过于兴奋和冲动，往往会失去理智，将自己完全置于激情的支配之下，过早偷食禁果，导致少男少女的越轨行为。

6.过于美化、迷恋对方

少男少女的早恋大都贯穿着“美”的意念。他们常常在日记或情书中用“千般至善”“万般至美”的语言来描述对方，在心目中将对方的风度、外貌、气质、才能等加以美化，认为异性朋友身上的一切都无可挑剔。“爱屋及乌”，一旦爱上某人，连对方的缺点似乎也是美好的，这也就是人们常说的“情人眼里出西施”。

7.难舍难分而又喜怒无常

陷入早恋的中学生所激起的爱的情感，其强烈程度不亚于青年人。这些早恋的少男少女，虽不热衷于学习，但却渴望着上课，在班上他们彼此之间可以多递几个眼神，谈几句话，即便是不接触，也会觉得对方的眼睛在盯着自己，心里更踏实、更安稳。放学之际，这些少男少女也会不约而同地留下来，一起学习、谈心或参加体育锻炼，直到很晚还恋恋不舍，不愿分开。与这种如胶似漆、难舍难分形成鲜明对照的是他们在恋爱过程中往往因为一点小事而喜怒无常：时而喜笑颜开，时而泪如雨下。

此外，**早恋还有纯洁而幼稚、甜蜜而又令人遗憾、成功率低等特点。这些特点既反映了中学生的身心发展水平，又体现了情爱开始阶段的幼稚，从而交织成一幅独具特色的中学生早恋的画面。**

对孩子失恋后的心理调适

有早恋就有失恋，但是失恋是痛苦的。孩子摆脱失恋的痛苦，需要外界的帮助，但更重要的是提高自己的心理承受力，增强心理的适应性，引导孩子学会自我心理调节，从而达到新的心理平衡。

1.引导孩子逆向思考

恋爱取得成功，除了社会公认的品质、观念以外，还有许多特殊的心理要求。比如，性格和谐、志趣相同、价值观一致、生理特征相配等等。如果因为这些方面发生矛盾，使恋爱不能进行下去，倒不必过于痛苦。不妨反过来思考一下，如果勉强凑合下去，造成以后感情不合，爱情又有什么幸福可言？失恋固然不是幸事，然而没有志同道合、个性契合，及早分手也并非坏事，“塞翁失马，焉知非福”。

2.合理宣泄

失恋造成的情感压抑是十分严重的，如果不及时地合理渲泄，会出现各种不适应症状。比较有效的渲泄方法有以下几种：

（1）鼓励孩子向亲密的朋友或家人倾诉内心的苦闷和悲伤。

（2）让孩子闭门痛哭一场。

（3）让孩子寄情于山水之间，向大自然渲泄自己压抑的情绪。让失恋后的孩子与朋友一起外出远游一次，体验大自然之奇丽伟大、人生之美好，会觉得自己失恋的痛苦只不过是沧海一粟，心胸会变开阔，郁闷的心情就会有所缓解。

（4）升华。升华是渲泄失恋后心理能量的最理想方式。引导失恋者应运用理智，把感情、精力投入到能充分实现自身价值的事业中和对生活的热爱上去，从而将失恋造成的挫折在更高的升华境界中得到补偿，获得更大、更多的收益。

3. 丢弃自卑

告诉孩子，失恋并非羞耻之事。有些失恋者却认为失恋是令人耻辱的，是被对方“涮”了、“玩”了，从而感到脸上无光，无地自容，产生强烈的自卑感，甚至因此离群索居。告诉孩子，任何事情的发展都面临着两种前途，恋爱也是一样。恋爱一次成功固然可喜，但这毕竟只是可能性，而不是必然性，所以谈恋爱就要有谈不成的心理准备，失恋也是在情理之中，是无可非议的。有思想、有志气的青年不应受世俗偏见的束缚，不能自己看不起自己。如果能从失恋中发现自己的不足，并有所进取，那倒从失恋中受益匪浅，不愁今后找不到称心如意的好伴侣。

早恋对中学的孩子有哪些危害

早恋大都发生在中学时期。中学时期，由于学生年龄小、思考问题不全面，自制力较差，对什么是真正的爱情、怎样才能赢得真正的爱情之类问题的认识往往是朦胧的、含糊不清的。过早涉足爱河容易迷失方向，种下“苦果”。尽管如此，依然有许多中学生朋友迷恋着苦果外面的那层糖衣，于是，往往是“甘尽苦来”，一切都悔之晚矣。早恋这颗包着糖衣的

"苦果"到底对少男少女们有什么样的危害?

1. 早恋危害孩子的身心健康

首先，从孩子的身体健康方面来看，由于早恋，往往使孩子陷入情网之中不能自拔，将大部分时间花在谈恋爱上，因而忽视了体育锻炼。中学阶段正是孩子长身体的时候，随着身体各器官的发育，要求有相应的体育锻炼，否则，很容易发生心音微弱、供血不足、头晕等疾病。早恋使人没有更多精力进行体育活动，所以发生这种疾病的人数远远高于其他孩子。另一方面，由于早恋的孩子情绪不够稳定，好冲动，易动感情，自控力较差，常常会产生焦虑、烦躁、疑惑、嫉妒等不良情绪。在这些情绪的影响下，很容易产生食欲不振、浑身无力、头晕恶心等症状，久而久之，会出现消化道疾病、低血糖症状等疾患。

再从孩子的心理角度看，早恋的孩子都有一个极其复杂的心理过程，其间既有欣喜，也有百思不解、难以倾诉的苦闷。这些孩子的恋爱承受着父母、教师的压力，同学们的"白眼"，恋人的挑剔和故意的非难，这一切使得心理承受力本来就差的孩子无法保持正常稳定的情绪。同时，早恋的孩子课后很难与恋人见面，但又抑制不住对对方的思念，这时，有的往往会耽于幻想，在幻想中寻求慰藉，得到满足。此外，有极个别的学生在早恋中，由于抑制不住冲动而与异性朋友发生性关系，这对孩子的心理健康的影响是很大的。有的孩子跨越雷池之后，顿觉"爱情原来就是如此"，而萌发厌倦生活的念头；有的孩子则将社会的道德、责任抛到一边，疯狂地追求性刺激。由于这些痛苦的心境和不健康思想的存在，使得这些孩子的道德感、人生价值观和世界观受到严重扭曲。

2. 早恋对孩子的学习干扰极大

早恋对孩子的学习影响极大。成千上万的实例告诉我们，沉湎于早恋的孩子多数都是沿着"感情直线上升，成绩直线下降"的轨迹运行的。然而，有些向往或陷入早恋的孩子却认为只要热恋的两个人志同道合，就不会影响学习。他们甚至概括出一个所谓"男+女＝两个人的合力"的公式来。大量事实表明，这种看法是幼稚、糊涂、错误的。

这是因为孩子的早恋不光是风和日丽的春天，也有寒风刺骨的冬季；在早恋的小河中常常会波澜叠起，漩涡环生——早恋的孩子时常要经受嫉妒和失败的折磨！这一切对于涉世不深、意志薄弱、情感易于冲动的孩子本来就是一种“超负荷”运载。在早恋的沉重的几乎要压垮全部稚嫩心灵的超负荷运载下，无心学习，成绩下降，是十分自然的，也是屡见不鲜的。

3.早恋容易使孩子产生越轨行为

孩子激情占优势，容易冲动，自我控制能力差。热恋中的少男少女往往不能控制自己的感情而过早地发生两性关系。更严重的是有的男生让对方怀孕后，陷入到一种极端恐惧和痛苦的境地之中，演出一幕幕堕落、出走、自杀的悲剧。

4.早恋有可能导致犯罪

据有关部门调查的结果，孩子过早涉及爱情，也会给社会带来不安定。流氓、殴斗、盗窃等社会现象的发生，有很大一部分是与学生的早恋有关。中学生气盛，不肯轻易吃亏，特别是在女朋友面前，更不愿意丢脸，他们往往会因为对方对女朋友说了一句不礼貌的话，做出了一个不雅的举动而丧失理智，大打出手，甚至聚众斗殴，以显示自己的本事，以至违法犯罪。另一方面，孩子恋爱还需要有物质上的消费，但他们的经济依赖于父母或他人，自己还不能自立，在从初恋到结婚的一段“马拉松”式的恋爱期间，需要相当的一笔金钱花费。而父母所能提供的一点零花钱又往往满足不了需要。这样中学生就容易误入歧途，诱发偷和抢的念头，最后锒铛入狱。

有一位早恋的中学生，家里生活比较困难，平时自己手里就没有零花钱，谈了女朋友之后，为了掩饰自己家庭生活的拮据，便萌生了给女朋友买一条金项链的念头。由于借的钱不足，他就利用晚上时间，和几名同伙一起破门而入，偷了一条项链，送给了女朋友。案发之后被捕入狱，父母、老师无不为之痛惜！

类似这种例子不胜枚举，足以引起父母们警惕了！从总体上看，孩子早恋的影响面广，危害极大。作为父母，不要让孩子过早地涉入早恋的区域，告诫孩子：“早恋，是一枚包着糖衣的苦果！”

教会孩子摆脱早恋恐惧症

心理学家说“早恋恐惧症”比“早恋”更可怕。这种恐惧心理已严重影响到她正常的生活和学习。怎样让孩子“脱敏”呢？首先应该是观念的转变，而这方面她的父母起着关键作用。

小丽是一位长相清秀甜美的女生，在一所很有名的重点高中上高三。平时也就是留着一头短发，一身男式的休闲运动衫，连衣裤和运动鞋的颜色也是“中性”的，穿着打扮竟看不出一点女孩子的色彩和特点。

最近，小丽很烦恼，她被一些困惑了她几年的心理问题干扰着，并随着年龄的增长越来越困惑。这些问题就是“究竟怎样与异性交往？高中生谈恋爱对学习是有积极的促进、影响作用，还是就像老师、父母说的那样有害无益？有没有中学生既谈恋爱而又双双考上大学的先例呢？怎样处理早恋才能促进学习而不是影响学习成绩呢？我能不能搭理班上的男生？”

在小丽咨询了心理医师后，心理医师问道：“是不是你和哪个男生相互有好感？”“我想知道，我逃避了两年多的早恋情结，究竟会多可怕？”“可怕？你怎么会这样想？初恋不是很美好吗？”“难道不可怕吗？”小丽疑惑地说，“上初三的时候，我有一个同桌，她聪明漂亮、成绩优秀，和班上一个男生恋爱，结果两人的学习成绩直线下降，中考时连普通高中都没有考上。后来妈妈反复对我说：‘千万不能早恋！如果早恋了，就算你学习基础再好，脑子再聪明，学习成绩都会走下坡路，更别想升入好学校！’所以我听妈妈的话，绝不和男生有来往，结果中考时，我以满意的成绩升入最好的重点高中。”“是啊，中学生谈恋爱是不大合适，但要有一个正确的认识，害怕也没有必要，你现在担心什么呢？”

小丽沉吟良久，仿佛下定了决心，才缓缓地说：“我害怕男生的目光。上课时我不敢回头，因为担心回头与某个男生的目光接触。实际上我不是怕男生的目光，而是怕男生喜欢我，怕他们追求我，怕因此妨碍学习、葬送了前途。所以，上课时我连头都不敢灵活转动，生怕男生以为我看他们，然后就会有麻烦。我从来不打扮自己，而且总穿很落伍的衣服，就是为了不去吸引男生的注意。但是现在，我觉得自己太压抑了，学习变得枯燥乏味。马上要高考了，前天我又收到了男生的约会字条，还约我出去散步。我真的不知道该怎么办。”“你想接受邀请，和他出去散步，是吗？”小丽迟疑了一会，终于点点头：“可是妈妈说，和男生交往等于早恋等于荒废学业，而这也是被教训证明过的例子。我不敢呀。”

看来，小丽是一个单纯向上的好姑娘，妈妈的话让她一直背负着沉重的十字架，对男女同学之间的正常交往避之唯恐不及，所以才会如此紧张。她没有与任何一个男生单独相处过，更别说谈心了。可是现在高考在即，她却高度焦虑，焦虑的背后是内心剧烈的冲突。母亲的教诲使她认为应坚决关闭与男生正常交流的大门，但开始觉醒的成长发育意识又使她有与男生交往的渴望，于是在这种冲突中，她学习效率下降，并成为最使她恐惧不安的事情。毫无疑问，小丽患了“早恋恐惧症”。

父母要慢慢纠正自己对男女生交往的错误看法，认识到社会在进步，男生女生之间来往其实是蛮简单正常的事情，男女同学也是可以经常谈心的，只是被父母想象得复杂了。如果说中学生谈恋爱妨碍学习，那么比起患“早恋恐惧症”带来的对心理健康的伤害，哪个更可怕呢？事实上，完全禁止异性同学交往而造成的危害，比真正早恋带来的危害更大！

从大量的心理咨询案例可了解到，大多数中学生其实并不想陷入早恋。关键是，不想早恋的少男少女，也非常需要异性交往，在异性交往的实践中，他们才能够知道，怎样做才能避免早恋。这是一个问题的两个方面，重要的是把握分寸，只要“发乎情，止乎礼”，男女同学间正常的交往是有利于身心健康的。许多父母唯恐孩子早恋，严防死守，却往往收不到好的效果，问题就出在思想不够开放，观念不够健康，而最后受害者，恰恰是他们最不愿伤害的孩子。

正确对待少男少女的友情

儿童期的男孩女孩，喜欢跟父母在一起玩耍。父母陪他们，哄他们，买玩具给他们，使他们开心。然而，当孩子长大一些，就不愿跟父母在一起玩了。如今的独生子女一代，家中没有同胞兄弟姐妹，跟谁去玩呢？自然就在家庭之外找同龄的伙伴玩了，同学、邻居家的孩子，甚至公共场所结识的同龄人。如果这样的同龄玩伴来自异性圈子，就格外让孩子感到新鲜、欣喜、兴奋甚至难分难舍。从旁观察的父母，内心总有一种莫名的担忧：是不是孩子有点儿不正常？成熟太早还是“学坏”了呢？不管制他们会不会“出事”？其实，从孩子成长的角度看，到达十一二岁的男孩女孩，开始体验异性之间的友情，是十分自然、甚至是必须的。那些处在花季雨季的少男少女，如果压根儿就没有与同龄异性朋友交往的兴趣和能力，那倒是一个值得重视的问题了。

那么，花季少男少女之间的交往究竟有什么功能而使其成为“必须”的行动呢？

1.娱悦身心，释放压力，放松神经，增进健康

工作繁忙的成年人需要娱乐休闲，学习紧张的孩子们更需要娱悦身心。同龄的伙伴在一起谈天说地、遛马路逛公园，一道骑车兜风，郊游聚会，生日“payty”等等，最好的感觉就是“开心，痛快”。如果这些活动有异性参与，那就格外开心。因为异性之间有自然吸引力，有“磁场效

应”，有“情愫”、“性愫”的伴随，大大增强了娱乐的效果。“男女搭配，干活不累”就是这个道理。在异性交往中，孩子们心旷神怡，学习上的压力减轻了，神经放松了，身心健康、精神饱满地投入学习与生活，这是他们的需求，也是他们的权利。孩子并不是学习的机器、功课的奴隶。其实，世界上有许多高雅而健美的文体活动都是为两个性别共同参与而设计的：交谊舞、双人舞、男女声二重唱、男女乒乓球混合双打、男女花样滑冰等等，难道不是给人一种格外清新和美感的享受吗？如果在某些娱乐场所，只见同一性别的人群，那该是多么单调和枯燥？这就是万物皆有“阴阳和谐之美”的道理。现代社会几乎都取消了男女分校的制度，也有这层含义。

2. 孩子社会化的关键时期，异性友情不可或缺

当女孩来月经、男孩开始遗精，从生理上表明了孩子的性成熟。此时的男孩、女孩，以其特有的性别磁场在对异性产生吸引力，或被异性磁场吸引。这不是他们自身意识到的，更不是他们刻意计划的。孩子最初的性别磁场的引力指向，一般是指向家庭中距离最近的异性父母：男孩指向母亲，女孩子向父亲，悄然强化着所谓的“恋父”或“恋母”情结。因此，细心的父母可以观察到，进入青春期的男孩女孩，在对异性父母的态度、表情、言行上发生着微妙的变化，这十分正常。但这个过程不可持续太久，需要尽快让孩子的性别磁场指向从异性父母转向同龄同辈的异性，这是青春期社会化的一个特殊环节，可称“第二断乳期”或“心理断乳期”。如果一个男孩或一个女孩迟迟不能完成“第二断乳期”，他或她就将在与异性的交往中遇到困难或在将来的恋爱择偶乃至婚姻中受到挫折。

其次，“男人来自金星，女人来自火星”，两个性别的代表从少男少女时期的自然接触开始交往，一边认识异性世界，一边认识自己，知己知彼，增强与异性相处的自信、自尊感和相互悦纳、尊重、平等的观念，为将来与终身伴侣结合并和谐地相处，做好远期准备。这对现代婚姻的幸福和家庭生活美满，也是不可缺少的。

3. 解除心理困扰，实施情感救助，有助于维护青春期心理健康，预防

心理疾患

青少年期是容易产生烦恼情绪和心理失衡的阶段。既有来自生理与身体变化的不适之感，又有因功课压力、成绩波动、人际关系和家庭气氛而带来的烦恼。烦恼中的少男少女，渴望心理救助和情感支持。此时，父母往往忽视孩子的情绪变化和心理烦恼，难以走进孩子的心扉；老师则多半关注学生的学习和一般行为表现，不易深入解读到每个孩子的心理变化。而此时最敏感地察觉同伴心理烦恼的，往往是某位与其相好的异性。于是他或她带着“磁场”效力去安抚对方，特别有效。这就好像落水者遇到救生船，是少男少女容易与“知心”的异性产生亲密感，觉得“只有对方最在乎我，最理解我”、两人闪电似地好起来的重要原因。但当对方脱离烦恼之后，不再需要先前那位“救助者”了。因此，带有心理救助性质的异性交往，不可能持久，就象获救者不再依赖救生船一样。但这种“心理救助”性质的异性友情，充当了心理医生或心理辅导员的角色。正因为这样，避免了孩子从一般的情绪困扰转而成为心理障碍，也可预防心理障碍发展成为心理疾病。我们应对少男少女之间这种自愿者式的心理救助充满感激之情！千万不应以“搞对象”之类的心理暗示造成这种本应是短暂的情谊被强化为长久的心理依赖甚至终身的承诺，那反而会束缚或误导了孩子。总之，**教会孩子大方、正确的与异性交往，才会对青春的友情发挥积极功能，促进自身健康成长，人格健全，将来拥有幸福美满的人生。**

怎样面对早恋的孩子

早恋是青春期或青春期之前的少男少女所产生的过早恋爱的现象，一般发生于18岁之前。这个时期，由于年龄局限、涉世不深，缺乏必要的思考能力，而更多的是跟着感觉走。感觉到异性的突出表现及特长，如学习

好、长相好、有特长等，往往都会使他（她）们产生倾慕之情。这时如果把握不住自己，便会走进情感误区，产生早恋。

概括起来，早恋有如下特点：

一是朦胧性，对两性间的爱慕似懂非懂，不知如何去爱。

二是单纯性，只觉得和对方在一起愉快，对方有吸引力，缺乏成年人谈恋爱对对方家庭、政治、经济等多方面的深沉而理智的考虑。

三是差异性，表现为女生早恋较早、较多，可能与女生发育较早有关。

四是不稳定性，早恋成功者实在少见，两个人随着各方面的不断成熟，由于理想、志趣、性格等方面的变化可以引起爱情的变化；恋爱越早，离结婚之日越长，就夜长梦更多，缺乏稳定性。

五是冲动性，缺乏理智，往往遇事突发奇想，莽撞行事，一时冲动不计后果。有的心血来潮发生性交，饱尝苦果；有的聚散匆匆，聚时无真情，散时不动容，轻率交往，滑向道德败坏的泥潭之中。

当越来越多的学生"早恋"时，父母千万不要拳打脚踢，施加重压，这样只能适得其反。那么当孩子有了"早恋"的苗头，或已经"早恋"了，做父母的应该怎么做呢？

1.改变对早恋的态度

孩子出现对异性的渴望，是人生发育到某一特定时期所发生的自然变化。伴随着性的成熟、朦胧的性意识开始转变成自觉的追求。年轻人会逐渐对异性出现好感，渴望亲密交往，同时还会出现性的欲望，并以各种方式去满足。对发生恋爱的孩子，要尊重他们的感情，理解他们的行为。既不能过分敏感，又不能视而不管，对孩子异性之间正常交往不要横加干涉，把友谊交往误认为早恋。一旦孩子发生恋情，不宜采取压制、打击、惩罚等方法解决。孩子的恋爱常表现情感炽热、强烈、秘密性强、片面性大，因而理智脆弱，承受感情挫折力极弱。如何引导、提高孩子的自我控制能力才是关键问题。恋爱的欲望本身是正常的，完全没有才是病态，无论脑内怎么想都可以，但要限制在一定的行为规范内，父母越控制越会出问题。

2.承认青春期的生理、心理状态，给以必要的疏导

当你与孩子的关系比较融洽后，彼此间也会比较容易沟通，孩子也会向你讲述自己的想法。对青春期出现的变化，不妨“拆穿西洋镜”，让孩子明白自己的隐私原来就是这么一回事，这将减少有意无意的文饰对正常教育的干扰。

3.进行正确的人生观的引导

爱情永远是文学的主题，但是人的一生并不全是爱情，它涉及人生的理想和抱负。人生观将来也是选择心仪对象的重要标准。如果我们强化了正确人生观的指导，就有可能抑制由性需要带来的可能不符合社会规范的行为。然而，人生观的教育是一个长期的积累过程，它不是临渴掘井能奏效的。也就是说，早恋问题的教育远在它发生之前。

4.帮助孩子分析自身的情感

父母要循循诱导，进行性教育，帮助他们消除性神秘感，区分友谊和爱情的关系。使他们领悟到：青春期后对异性产生好感和爱慕是正常的，但由于心理尚未成熟，各种价值观均不明确，又缺少生活经历，接触范围有限，对异性的爱慕多是非特异性的。一些孩子会有这样的感觉：喜欢A的沉稳但相处又会感到没有激情，喜欢B的博学又不能接受B的高高在上……治疗者要帮助其分析，这并不是孩子自认为的“不专一”。

5.教会孩子识别他人，特别是识别异性的方法

人说初恋是美妙的，是少男少女的游戏。在孩子们眼里，初恋的对象是不可能再好的完人，其原因在于对异性的特殊感情蒙蔽了真实。因此教给孩子如何摆脱微妙情绪的影响去识别异性，并鼓励他们结交更多的异性，有助于辨识异性和把握自己。这方面的教育似以社会见闻和小说故事为好。

6.帮助解决性心理烦恼

孩子早恋者，往往因恋爱或社会的压力而造成内心剧烈的冲突，严重的影响学习，影响身心的健康。处理好早恋所致的内心冲突及社会环境冲突是保证孩子精神健康的关键。

处于青春期的孩子，如果从内心深处，而不是仅从行为表现去看的话，早恋对孩子是正常的，父母不必把它看成大逆不道的滔天大罪。高压会带来严重后果。在对待孩子早恋的问题上，导远比堵更为重要。

对于那些一方面想恋爱，另一方面又怕影响学习的孩子，治疗者应让其充分承认自己的感情，允许这种感情发生，并保持一定来往。压抑越深，反抗越强，越怕影响学习不与异性来往则越易向往异性，产生焦虑或各种神经症。孩子处于依恋一独立的冲突阶段，父母过分约束孩子与异性的交往，会引起孩子的逆反，而起到相反的效果。

父母和教育工作者对于孩子早恋的现象，不要轻易地把早恋与道德败坏画等号，不要采取压制打击的手段，要尊重孩子的感情，耐心阐明道理，相信良好的教育方法必然结出良好的教育之果。

第10辑

不要误踩了孩子的心理雷区

父母离异给孩子最大的伤害

著名的预防未成年人犯罪专家“法官妈妈”尚秀云说过，最容易误入歧途的是“四失”家庭的孩子。即“失和”（家庭不和睦）、“失教”（父母对孩子缺乏教育）、“失德”（父母的品德不端）、“失才”（父母文化水平低）。**家庭不和睦占第一位，可见其危害之严重。据一项调查结果表明，父母经常吵架家庭孩子的心理问题检出率为31.68%，离婚家庭的为30.30%，和睦家庭的为18.88%。有些父母感情不好，但口口声声说为了孩子才不离婚，两人终日“硝烟”不断，殊不知这种行为带给孩子的伤害更难消除。**

明明的父母关系一直不好，从他懂事起就只记得父母每天只知道争吵、相互辱骂，骂急了还动手，甚至父母之间“战争”有时候还拿他撒气。明明只有用拼命学习来化解这些烦人的吵闹，为原本充满硝烟的家庭带来一丝温暖和欢笑。虽然成绩优异但却养成了孤僻的性格。在上初中之后，明明才渐渐认识到自己对身边女性的异常敌视情绪。因此，他开始找心理医生，谁不曾想他打电话找到的心理医生却是一个女生，而他竟然这样说：“我不能跟女孩子正常交往，总是无端地厌恶身边的女性：不愿意接触女同学、不愿意听女老师讲的课。即使现在跟您说话都是强压着心中的怒火！”

报复心理是一种属于情感范畴的狭隘心理。有这种心理的人会寻找各种机会对伤害自己的人采取不正常的手段甚至利用暴力进行攻击。对于正在成长中的孩子来说，给他最大伤害的是父母带来的，尤其是父母的不关心和父母的离异。

家庭破裂，离婚对于孩子尤其是正值青春期的孩子来说，无疑是一股股泥石流，无论是身体上，还是心灵上对孩子造成的伤害都是无法形容的。容易使孩子出现焦虑、睡眠障碍、抑郁、人际交往减少、孤独、退缩、冲动、难以管教和具有攻击性等不良情绪，甚至导致犯罪行为。而更糟糕的是，父母没意识到，更没有想到他们的离婚成了孩子活下来唯一的理由，那就是报复。

她是个聪明活泼、上进好强的女孩，在学校里是老师和同学们公认的好学生。然而，在她中考前的最后一年，她的父母闹起了离婚。父母的吵吵闹闹，令她无法安心学习，学习成绩直线下降。最终，父母离婚了，她被判给了父亲。与此同时，中考成绩下来了，她没有考上高中。面对着自己没有考上高中和父母两人离婚的阴影，她不知道该何去何从。从此，她变得沉默寡言。这个时候，她一向崇拜的父亲却在离婚后不久，给她找了位仅比她年长五岁的后妈，她开始憎恨父亲。

于是，她离家出走了，18岁的她凭着出色的外貌、高雅的气质和聪明的头脑，找到了一份不错的工作。由于她聪明好学，很快得到了公司领导和同事们的好感。

不久，一个比她大18岁的男人闯进了她的生活，男人极尽关怀之能事，两人的关系越来越近，最终同居。一年之后，她将那个男人带回家中，向父母作了介绍。那个男人走后，父母表示不同意这门婚事。女孩反驳道：爸爸能娶个比我大5岁的女人，我怎么就不能找一个比爸爸小9岁的男人呢？一句话呛得爸爸哑口无言。

看到父母无奈的表情，女孩不但没有感到内疚，反而产生了一丝快感。之后，她用更极端的行动来惩罚父母，学打麻将、上网赌球、到舞厅

“摇头”……最终，她因吸食并贩卖“摇头丸”，被警方抓获。之后，被法院判处拘役4个月，并处罚金1000元。当女孩接到判决书时，她没有流泪，她是在用青春作赌注来报复离婚的父母。

夫妻离婚对孩子的影响是不可避免的，父母们能做的仅仅是想方设法把这种负面的影响降到最低的限度。所以，父母离婚后，应该给孩子做一些真诚而有技巧的心理辅导，尽可能减轻对孩子的伤害。如何对孩子进行心理辅导呢？

1.避免激烈的离婚阵式

父母要了解的是家庭的裂变会给孩子带来哪些心理冲击。通常孩子会有一种被抛弃感和不安全感，自信心和自我评价也会下降，不仅会产生学习障碍和人格障碍，将来也容易出现婚姻问题或性心理异常。所以，父母在离婚过程中，要避免激烈的冲突，尽量以平静的方式结束双方的关系，以免给孩子太多的刺激和惊扰。

2.摆正心态

父母应让孩子明白父母离婚并不意味着孩子会因此而失去应有的爱和关心。更不能将怨气出到孩子身上、强迫孩子表态“站在哪一边”、把孩子作为要挟、报复对方的工具都是要不得的。其次，离异夫妻不应剥夺原配偶对孩子的爱，夫妻离异并不能改变孩子与父母的血缘关系。再次，要帮助孩子认识到，如果父母的婚姻是一桩失败的婚姻，离婚可以释放受到伤害的三颗心，不再折磨彼此的情感，孩子也不需要在父母失败的婚姻中受到煎熬。

3.离婚后，父母双方更要多关心孩子

父爱和母爱都是孩子成长中必不可少的，离婚后，父母双方都要开始新的生活，要为生计奔波，还可能要忙于组织新的家庭，往往会不知不觉地忽视了孩子，而孩子的心是很脆弱和敏感的，当他们感到失落、孤寂和伤心时，他们的心理就可能慢慢发生一些变化。所以，离婚后，父母双方都要多抽时间陪陪孩子，特别是不与孩子生活在一起的那一方，更要抽出宝贵的时间，经常带孩子出去玩一玩，陪孩子吃吃饭、做做游戏，让孩子能时时感受到你的爱和呵护。

4.再婚时，请多为孩子着想

不管孩子判给了谁，再婚时，都应该充分考虑孩子的感受，不要让他觉得自己是多余的。有的父母在再婚时，只考虑自己，没有顾及孩子的感受，结果让孩子在新的家庭里没有归属感，甚至觉得无家可归，最终走上了报复道路，这是很可怕的。

不良的家庭环境会腐蚀孩子幼小的心灵

家庭是社会的细胞，也是孩子们最早接触社会，接受教育的第一间学校。因此，孩子们在后天形成和发展起来的心理素质如何，能否像大部分父母所希望的那样成“才”，这跟家庭环境的好坏有着极其密切的关系。然而，家庭环境又是复杂的，多方面的，其中，家庭的心理氛围和教育对孩子心理素质的形成与发展，则往往起着长远而深刻的影响。

父母由于感情不和或其他原因而经常吵架，这会给他们的孩子带来情感上及学习上的不良影响，造成心理上的压力和恐惧。虽然孩子在学校十分想集中精力学习，可是父母吵架的一幕幕总萦绕在他的脑海里，回家后那不和谐的家庭气氛更是使他无法静下心来学习，从而影响学习，甚至导致无法继续学校生活。

在父母离异或其他原因而导致的单亲家庭或类似单亲家庭中，孩子或者是无人照顾或者是虽有感情依托，但却被繁重的家务劳动所困扰。他们可利用的学习时间只是在学校，这样使所学内容可能由于时间关系而不能及时“消化”，疑问得不到及时解答。虽然学习很刻苦，可是因时间欠缺而导致堆积下来的问题成为进一步学习的障碍，也逐渐形成在学习中的心理障碍，并由此波及到学习、生活诸方面。

孩子与父母的心理隔阂对学习的影响也是不容忽视的。由于父母知识缺乏或两代人之间不能相互理解，孩子的求知欲望及情感上的需要得不到应有的满足，这样的家庭使孩子易产生厌烦心理、逆反心理、轻视父母的心理。此种心态对学习生活会带来不利，特别是影响孩子的学习动机、兴趣，进一步影响学习成绩，而进入差生行列。

不良家庭环境是导致学生不良行为的主要外在原因，这首先体现在家庭成员的不良思想认识、不轨言行、不良恶习和犯罪行为对学生起着潜移默化的不良影响，其次还体现在家庭教育水平低下、不平衡或教育的态度和方法不当等，事实证明，一个被父母宠爱娇惯的学生，他的行为不是怯懦、退缩、胆小、独立生活能力差，就是蛮横、贪欲、任性、自私、要强而不顾一切。相反，由于父母的专制、粗暴，甚至歧视、虐待而得不到家庭成员关怀、爱护、温暖的学生，容易产生对人的冷漠、疏远、不满、抗拒，甚至敌意、憎恨，形成粗暴、虚伪的性格和对一切人都不信任的感情。

近年来，青少年犯罪事件层出不穷，经调查其主要原因在于不良的家庭环境造成的。

家庭教育的缺位，是导致孩子走上违法犯罪道路的主要原因。不正确的家教在孩子的心理形成人格障碍，形成不正确的人生观。父母的行为对孩子起着潜移默化的作用。因此父母以下的几种不良行为极易使青少年走上违法犯罪道路：一是父母不和、闹离异，经常吵架，秽语连嘴，在家乱摔东西，给青少年造成心理伤害；二是家庭经济条件差，平时很少给孩子零花钱，造成孩子去偷、抢；三是父母教育方法简单、粗暴，对子女的过错、学习成绩不理想，不是打就是骂，不尊重孩子的人格，在这种“高压”下，孩子的心理畸形；四是父母行为不检点、不务正业，经常酗酒、赌博，严重影响孩子世界观的形成；五是溺爱孩子，视独生子女为掌上明珠，一味重视物质方面的满足，忽视了思想品德的教养，随着时间的推移，助长了子女的自私和奢侈；六是父母没有履行好法定的监护义务，不关心子女，任其发展，不闻不问。孩子通过这种不良家庭环境的耳濡目染，久而久之，使他们孤独、自卑、怨恨、狂妄，极易被坏人所利用，极易走上违法犯罪的道路。

在此提醒父母要做好家庭预防。家庭是预防孩子犯罪的基石，是传播和学习科学文化、传统社会道德规范的重要场所和课堂。父母应加强对法律常识和德育知识、育孩常识的学习。父母们要用律己正己的思想和行动影响孩子，成为孩子的良师益友。父母的素质如何，教育方法科学与否，直接关系到孩子的心理素质。以民主、平等、宽容取代专横，权威、独断、惟命是从，承担起为人父母的教养责任，和他们谈心，倾听他们的烦恼，化解他们的忧虑，努力缩小代沟，以文明的谈吐举止，乐观的态度，高尚的情操，进取的精神感染子女，尊重孩子的人格，积极提高孩子的上进心、自信心。使父母在道德品质、家庭文明、法制教育以及心理健康等多方面为孩子提供帮助，缩小代际差异，建立良好的家庭关系。也就是说，健康的家庭是孩子身心健康的社会基石。

父母与孩子间最大的悲哀

一个人心里一旦种下了仇恨的种子就会变得很可怕，甚至失去理智和是非观念，除非有什么事能消退他的恨。**天下间最亲的亲不过父母，而现在却有许多人恨着自己的父母，尤其是进入青春期的孩子，这是父母与孩子之间最大的悲哀。**

一个集抢劫、盗窃和敲诈勒索于一身，半年时间内连续作案39起的团伙，终于被警方抓获。然而，站在民警面前的5名嫌疑人，竟然是一群稚气未脱的毛头小孩，最大的15岁，最小的才11岁。

其中，一个14岁的名叫洋洋的孩子接受记者采访时眼里含着泪水："我恨父母，他们从来不管我，只知道每天给我钱，让我自己解决所有的问题，我心里不痛快就上网聊天、打游戏。我的话都和‘哥们’、网友说了，他们才是真正理解我的人。虽然这里（指派出所）不好但也比家里那个‘鬼地方’强，我这次犯案就是让父母知道我还活着，死不了，我非气死他们不可。”

张某是一个15岁的孩子，本应在学校里坐在课桌边学习的年龄，如今却蹲在监狱里与许多犯人为伍。在这件案情的审理过程中，他说：“4岁那年夏天，幼儿园老师因我的一次不听话，对我愤怒地诅咒：‘不听话长大了去坐牢。’那个时候，我并不知道坐牢是什么意思，只知道老师发怒了。而这句‘长大了你要去坐牢’的话后来就一直陪伴了我十多年。每当我顽皮的时候，父亲就会用‘难怪老师说你长大了要坐牢的’、‘你这个坐牢的坯子，要吃枪子的’等话来教训我，接着便是无尽的打。”这种恨铁不成钢的棍棒家教一直持续到张某15岁那年。张某说：“当我有力量与父母拳脚抗衡、他们已打不赢我时，其家教方式又转变成了‘放弃式的家教’，于是我便经常听到父母诸如‘我们已管不了你，我们只当没生你这个儿子’之类的话。父子成仇、母子成仇，那个时候，家已成为了一个充满仇恨的地狱，后来，我便偷盗了5万元钱离家出走，并也因此换来了监狱生涯。”

一般情况下，孩子仇恨父母的原因有以下两点：

1.无情的打骂和诅咒

平时人们看社会新闻时，经常会看到这样的消息，一个爸爸或是妈妈又失手打死了自己的孩子，追悔莫及；一个十几岁的孩子，无法忍受父母的粗暴管教，不堪父母的暴力，把亲生父母杀死了！如果青少年的仇恨心理没有达到极端的话，他怎么会去杀死自己的亲生父母呢？这些都是因为一个恨字而起。据一项曾对多数犯罪青年进行的调查显示：几乎90%以上的犯罪者都有一个扭曲的童年，都承受过父母过多的指责和咒骂，都挨过打，而自己这样做就是为了报复父母。

就如上述案例二中，父母从小就开始诅咒自己的孩子，当孩子从小就听惯了“要砍脑头”、“挨刀的”、“吃枪子的”或“坐牢的”等咒骂后，其心理也就形成了一种定势，咒骂已扎根于幼小心灵的深处，一旦这种咒骂积累到一定数量，就会使之产生潜意识的质变。

以上的这种教育方式，父母只看到自己得到的，却看不到自己失去的。父母对孩子错误行为的指责本无可厚非，但一旦到了诅咒的地步，指责就成为打击孩子自信心和自尊心的棒槌。一个人如果丧失了自尊心，很有可能就会变得沮丧、颓废、萎靡不振，就会自暴自弃、自轻自贱。因此过多的指责或诅咒孩子，就如同残害他们的生命。更不知许多孩子在年复一年、日复一日的打骂中，渐渐会产生对父母的仇恨心理，而这种心理一旦形成，要花很多功夫才能纠正过来。尤其是处于青春期，身体里长满了叛逆因子的孩子，无情的打骂会使他们更加恨自己的父母。

2. 父母的漠视与不关心

许多父母觉得自己对孩子的爱就是给他好的物质生活，即吃穿无忧，关心他们的身体健康，即他们不生病。对于孩子的心理健康却一概不管不问，只要求孩子达到自己的要求。孩子的心还是一棵没有长大的小树苗，他还需要父母爱的灌溉和呵护——他希望父母不要因工作而忘记了他们的存在，在工作之余多陪陪他们，听他们说说话，带他们出去玩；每天问候一下他们。而父母却总是对此漠不关心，久而久之给孩子这样一个信息：父母不爱我，他们讨厌我，我恨他们。正如上述案例一，为了引起父母的重视，就开始了犯罪活动。

著名教育专家曾指出，批评是一种负强化法，父母在批评孩子时如果不讲究方式、方法，结果只能是“父母出了气、孩子不服气”，起不到应有的教育效果。的确，父母通常采取的批评方式很有问题：唠叨、生硬、严厉，结果越批孩子越皮，反弹力越大，越对着来、顶着干。最后搞得父母筋疲力尽，却收效甚微，甚至适得其反，下面是教育孩子的正确方法：

1. 父母要经常鼓励孩子，不能打骂和诅咒

鼓励是最有效的教育方法，鼓励能点燃兴趣之火，鼓励是人生前进的帆。对于处在叛逆期的青少年的教育方法，应该鼓励多过打骂。因为当孩子进入青春期之后，他们对自尊和人生观、价值观都有了一定的认识和看

法，他们需要的是周围人的认可而非否定。当父母打骂他时，传给他的信息是他这个人不行，很不好，因此他就会有顶撞父母，随之父母就会更生气，就会接着打骂，慢慢地成为一种恶性循环，久而久之便在孩子们心目中留下了恨的种子。因此，要多鼓励他们，让他们相信自己，从而做出好成绩，而得到父母的认可。

2. 选择恰当的处罚方式

孩子成长过程当中，难免都会犯错，无论是无心的或是故意的，处罚时都要注意控制自己的情绪反应，特别是安全问题，以免造成不良的后遗症。处罚后，要安抚孩子，让他知道父母对他的爱。

3. 以柔克刚

叛逆是青少年独有的特点，但他们心底还是满载着爱的，如果父母能够在他们犯错时，把他们这种爱调动出来，从而使他们主动认识到错误，那么比打骂孩子更管用。一个淘气的男孩经常惹祸，母亲每次都大喊大叫，甚至抡起藤条抽打他，却收效甚微。有次他偷了商店的玩具，差点被送到警察局。母亲及时赶到，说服店主再给他一次机会。回家后，男孩料想等待自己的会是一场狂风暴雨，谁知妈妈什么也没说，只是让他回自己房里去。当他无意中到厨房拿水，发现母亲独自一人，呆呆地坐在厨房的椅子上，满脸的忧伤和疲惫。这一刻，他顿时醒悟。虽然没有任何语言的指责，但他一下子想起妈妈日常的操劳，抚育他的呕心沥血。从此以后，他痛下决心，改过自新。

不要一直强调孩子的“弱点”

在现实中，父母们经常会有这样的疑惑：“我孩子智力测查，得分不是太理想，这可怎么办呢？”或“孩子总是学不会跳绳，比他小的孩子都会了，是不是孩子智力有问题，他怎么这么笨？”

父母都想有一个聪明的孩子，想得寝食难安，日日夜夜年年，通过各种方式去求证孩子聪明或不聪明，武断地给孩子贴上“聪明”或“不聪明”的标签。提问的父母，担心孩子输在人生起跑线上，焦躁不安地要想寻取一贴妙方，以求可以帮助他们快速改变孩子的资质。其实，没有把孩子教得聪明伶俐的灵丹妙药，父母应该关心，怎样才能更了解自己的孩子。

作为父母，总是一味地盯着孩子的弱点，总觉得自己的孩子一无是处。叶圣陶先生曾说：一味地强调孩子的弱点，那么这个弱点将伴随孩子的一生。

心理学家研究表明，自我意识在决定人的发展与成就中起着至关重要的作用。因为人们的行为、感情、甚至才能经常受着自我意识支配。你把自己想象成那种类型的人，就会按照那种类型人的特征去行事，去塑造自己。把自己想象成成功者，就会按照成功者的蓝图施工，最终获得成功。假如认定自己是无所作为的人，必然在生活中缺乏进取的干劲，最终得到失败的结果。

所有孩子心灵深处最强烈的需求和所有成年人一样，人性中最本质的渴求——渴望得到别人的赏识。

在孩子学说话、学走路时，父母都是天生的教育家，本能地看到孩子的优点。孩子上学后，父母开始怀疑孩子，认为孩子不行，目光总盯在孩子的缺点上。父母的目光像阳光，照到哪里哪里壮。孩子的无形生命好比一棵果树，果树有果枝（优点），有风枝（缺点），父母的目光如果一直盯着缺点的风枝上，风枝就会越长越壮，最后颗粒无收。父母的目光如果一直盯在优点的果枝上，果枝就会越长越壮，最后必将是桃李满树。

现在的父母希望孩子进步快，老说孩子慢；希望孩子细心，老说孩子粗心；希望孩子胆大，老说孩子胆小；希望孩子聪明，老说孩子笨。父母总是习惯地认为：优点不说少不了，缺点不说不得了。这样做的结果是，孩子的缺点反而得到了强化。往往还伤害了孩子的自尊心。而赏识教育恰恰相反：优点不说不得了，缺点少说逐渐少。现在的孩子得到的赏识不是太多了，而是太少了。

有人因此得出一个结论：赏识导致成功，抱怨导致失败。而且，专家也认为：人性中最本质的需求就是渴望得到尊重和欣赏。赏识教育的特点就是注重孩子的优点和长处，逐步形成燎原之势，让孩子在“我是好孩子”的心态中觉醒。他们认为，赏识，其本质是爱。学会赏识，就是学会爱。换句话说，“赏识教育”就是爱的教育。

纵观从古到今的中国教育史，我们就不难发现，“赏识教育”的产生是有其深刻的历史渊源的。中国人含蓄而内敛，感情不善外露。父母对孩子，老师对学生，责罚多，鼓励少，在很多方面都挫伤了孩子的积极性。“棍棒之下出孝子”，中国人的教育方式，从这句话中可见一斑。多少年来，责罚和抱怨教育一直盛行，它们的最大的特点就是把孩子当成被动的受教育者，无视孩子的权益和个性，强调孩子的弱点和短处，小题大做，因此导致中国孩子的个性缺失。改革开放后，一些学者走出国门，发现西方社会的孩子，在张扬个性，表现自我方面比我们自家的孩子有过之而无不及。于是，在一些学者与西方教育接触日益增多的今天，“赏识教育”的提出，也就是顺理成章之事了。

我们完全有理由相信，任何教学方法都有它的局限性。“赏识教育”在它初登中国大陆的时候，肯定有过辉煌之时，也一定起到了某种导向作用。拿来主义在我们这里历来都是这样，渐走渐远，越学越离样。事实上，我们只是在用“赏识教育”的皮毛，来包裹我们羞涩单调的教育现状。

让我们来看这样一组镜头：一堂公开课上，一个十多岁的孩子回答了一个普通得不能再普通的问题，老师马上带领孩子们拍起了手掌“啪啪啪，你真棒！”，然后发一颗糖；一个孩子拿笔在纸上画了一个似花非花的东西，美术老师立马露出可鞠的笑容，大称“你真能干”。这样的情景，相信大家在许多场合都能看到。

这些孩子们棒什么？能干什么？ 在父母的宠爱下，他们形成了“自我中心意识”。许多独生子自私自利、狭隘、偏激，充满极端个人化的色彩。凡事从“我” 出发，局限于从“我”的视角认识事物，因而，“盲目自尊”、“自负”是这一代普遍的特点。他们在家里，什么都不做，到了学校，什么都不会。扫地不会撮垃圾，拖地不会拧拖把，吃蛋不会剥蛋壳，穿衣领子常朝里……他们在家里，是小皇帝。父母宠着，爷奶护着，公婆牵着，什么人间好话没有听过？他们缺乏赏识吗？他们不缺乏表面的“赏识教育”，恰恰相反，他们需要的，是“淡化自我”的教育。所有的人都这样的浮夸他们，赞美他们，实质上，比责罚教育有过之而无不及。大家都明白这个道理，压扁了还可以充气，膨胀了可是要爆炸的啊！

所谓的淡化自我，就是不能处处以自己为中心，处处为自己着想。要学会把自己当成一个普通一员，必要的时候，把自己当成可有可无的人物。我们要求淡化孩子的“自我中心意识”，目的在于引导学生树立正确的自尊心、坚定的自信心，并正确处理自身与群体间的关系，摆正自己应处的位置， 增强协作意识和适应环境的能力。绝非旨在压制孩子的个性，扼杀他们的进取欲望。希望我们的老师能多做思考，取消浮夸，反思“赏识”，回归自然。

美国心理学家威谱•詹姆斯有句名言说的好：“人性最深刻的原则就是希望别人对自己加以赏识。”那么，就让我们对那些从来没有得到过赏识的孩子来点“赏识教育”，对那些听惯了好话的孩子来点“责罚教育”吧。一味倡导赏识，结果只能是适得其反。

总之，不管是什么样的教育方式，都要有个度。如果发现孩子有问题，要采取“疏”的方式，而不能采取“堵”的方法。不良情绪会对人造成很大伤害，一旦孩子有了情绪波动，也应给他一个安全的宣泄途径。一定不要在旁人和孩子面前强调孩子的弱点，对孩子进行否定的评价，这样会对他的心理造成很大伤害。每个父母都应该从生理与心理方面多关心正在处于成长期的孩子，使他们能够顺利度过自己最美好的青少年时光。

不要随便给孩子扣“笨”帽子

孩子唱歌五音不全、写作业看一笔写一笔、不会跳绳、不会拍球……这些看似不起眼的问题，许多父母也许都遇到过，但又没有什么正确的解决方法，于是便简单地归咎为孩子比较笨，或者认为无关紧要，孩子长大了自然就可以改变。但是，事实上并不是这样。

“你真笨！”这三个字，是父母或老师批评孩子时的常用词，说得文明些是三个字，粗俗些则成为两个字“笨蛋！”曾见过一个刚1岁多的婴儿，虽是刚刚学语，却指着毛绒绒的玩具小猪嘟囔着说：“笨笨。”可见“笨”的概念是成年人自孩子很小时就灌输给他们的。孩子还小，成年人如何引导他们建立起自信心对他们起着很大的作用。是鼓励，让他们从失败中站起来呢，还是让他们在失败后认为是自己头脑不好——笨，永远背着这个包袱呢？从脑生理学的角度看，凡是人们不感兴趣的事，往往都干不好，不感兴趣使人的头脑闭塞僵化；而充满兴趣则使人的头脑开放活跃。一个认为自己笨的孩子，自然而然的脑子就会处于闭塞状态，因此，千万别用“你真笨”束缚了孩子头脑。

父亲看见儿子试卷上得分90，便说：“怎么只考90分，笨！”第二次看见儿子试卷上得分是80分，父亲恼火了：“只考80分，真笨！”结果，第三次，第四次……得分越来越少，最后看见儿子的得分只是0分，父亲气急败坏：“真笨！”儿子也垂头丧气，自卑地说：“我真笨！”就这样，一个“笨”严重损害了孩子的自尊心和自信心，扼杀了孩子的天智。

现代科学已经证实，发育正常的孩子，天生智力并没有多大差异。人的大脑利用率通常不到20%，一般学生学习水平的差异，不是聪明与愚笨的差异，而是被激活的智力潜能的不同造成的，条件不同的学生通过有针对性的训练都会聪明起来，“开窍”起来，俗话说：“捧一捧，就灵。”捧，并不是一味地迁就，说漂亮话，怎么捧，还得有的放矢，注意点方法和技巧。

比如，一次单元测试成绩公布后，你的孩子又没考好，在分析试卷时，你就不要指责孩子不好好学习，而是对他说：“你不是能力不行，也不是基础差，更不是不如别人，是你太粗心了，没审清题意，不然，凭你的智力是完全可以做出来的！”这种有意的错误归因，既维护了孩子的自尊，又增添了孩子的自信心，捧一捧，让他在今后的学习中能找到方向，看到希望。此后，在学习上，父母要注意多帮助他，孩子遇到问题后也能主动找老师和同学请教，这种学习态度的改变是多么令人欣喜呀！这样一捧，还真灵！

不能怨天尤人，在生活中要有较长远的设想，多从孩子的角度来考虑问题。只要教孩子的方法灵活些、高明些，多鼓励多表扬他们，让他们的心理由“我真笨”变为“我能行”，那么孩子才能不断进步，变得聪明。

4岁的寒寒长得眉清目秀，样子看起来很聪明，智商测定也正常。但无论在家或在幼儿园，对父母或老师提问，他总回答说：“不知道。”孩子是真的不知道，还是假的不知道？回答“不知道”是否意味着脑子笨……一连串的疑问在父母和老师脑海里盘旋。

其实，在日常生活中，像寒寒这样的孩子并不少见。这是一个复杂问题，须要仔细分析。孩子不爱动脑筋，主要表现在两个方面，一是日常生活，二是学习活动。二者均与家庭教育有着密切关系。

第一，与家庭过分溺爱和庇护孩子有关。父母一切都替孩子包办，“衣来伸手，饭来张口”，孩子形成了事事依赖大人的习惯，成为吃饭穿衣的“机器”，思维上渐渐懒惰起来，遇事不爱动脑筋。一见问题自然有畏难情绪，懒于思索，遂简单地回答“不知道”了事。

第二，与家庭与老师教育方法不当有关。有些父母或老师，不适当地要孩子回答一些他们不感兴趣或不擅长的问题。这些问题要么孩子缺乏心理需求，要么确实超出了孩子的知识范围和认识程度，孩子只能说“不知道”或“不会”。他们却因此指责训斥孩子：“怎么连这么简单的问题也回答不出”，“又说错了”，“你可真笨”……使孩子备受压抑，以后对能够回答出的问题，也说不出来。

第三，与孩子不擅于人际交往有关。有些孩子性格忧郁内向，或在成长过程中缺少与人交往的环境，缺乏与人交际的能力，社会适应能力差。这样的孩子，对他人的提问往往不擅表达，而采用较简单的方式，即回答“不知道”。

第四，与孩子言语障碍有关。有些孩子由于先天或后无原因，在言语方面存在某些困难，如口吃、某些音发不准等。孩子因为害怕别人嘲笑，往往不愿意在他人面前说话，所以对别人的提问往往回答“不知道”。

当然，也有少数孩子外表看起来不傻，其智力确实有问题，心理学界称之为边缘状态。这一类孩子，对别人提出的一些问题，回答时力不从心，说“不知道”是很自然的。

陶行知先生说过：“你的教鞭下有瓦特，你的冷眼中有牛顿，你的讥笑中有爱迪生。”我们做老师的，只有对这些暂时处于迟慧行列的瓦特、牛顿、爱迪生不施以教鞭、冷眼和讥笑，保护他们的自尊心，多给他们一点爱心，增强其自信心，善于并乐于把“破罐子”变成“景泰蓝”，才不负“教师”的光荣称号。

不要放大孩子的“失败”

一位哲人曾这么说：“中国的父母一般可分为三类：一类是既懂教育又有责任心的，他们的孩子最容易成才；另一类是既不懂教育又没有责任

心，他们的孩子比较容易成才；最可悲的一类是不懂教育但有责任心，失败的孩子大多由这类父母制造。”

在某幼儿园的游戏课上，老师教孩子们说一首儿歌，边说边做游戏。这节课要结束时，老师请一位小朋友单独说一遍儿歌。当老师视线停在一名叫阳阳的孩子身上时，阳阳突然说：“老师您别叫我！”老师问他：“为什么？”“我笨。”他的回答出乎老师意料之外，便问他：“怎么这样说自己呢？”“我爸说的。”阳阳低下头却认真地说。听完这句话让人心猛地一沉……

真的为孩子的父亲这样说孩子深感遗憾，更为孩子鸣不平。据事后了解，是阳阳的父亲望子成龙心切，在家经常强制孩子识字学算。孩子贪玩学不进去，于是“笨”的评价就由此而来。相信，这位孩子的父亲一定不知道，成人给予孩子的评价对孩子的个性发展和自我评价能力的发展起着多么重要的作用。

有个6岁的男孩子，在好奇心的驱使下，把妈妈刚买回来的一个自动玩具拆散了。然后他多次想把它重新组装好，但终究没有成功。年轻的妈妈看到后气恼地把玩具零件锁进抽屉里，并警告他说：一周内不给他玩具玩，一年内不再买新的玩具，以此作为对他毁坏玩具的惩罚。孩子感到十分委屈，呆在自己的小屋里独自垂泪。

法国启蒙思想家、教育家卢梭在《论教育》一书中将这种教育方式称之为“自然后果教育原则”。其内容是用孩子的行为过失所产生的自然后果，去限制原则的运用，有时虽然可以收到一定的教育效果，可是总的看来弊端颇多，不可滥用。因为它不是从讲明道理上对有过失的孩子进行正面的诱导、启发、教育，而是一种消极惩罚。这种惩罚对小孩子来说，只会造成惶惑和恐惧的心理，形成怯懦、软弱的性格，对孩子的思想和精神造成伤害。怎么做才是正面诱导、启发、教育呢？那个拆自动玩具的孩子受罚三天后，出差的爸爸回来得知这一情况，立刻找出零件，把妈妈也叫来了，他饶有兴趣地指导，并帮助孩子把玩具很快地装好了。孩子高兴得跳起来，并把这个玩具为什么会自动跳讲给爸爸妈妈听，还说他也要仿照这个玩具做一个新式样的。此时那位年轻的母亲才深感后悔，认识到自己的那种教育方法是错误的。

曾有一位著名的企业家这样说过："千万不要害怕失败，害怕失败就会畏缩不前！"一个人一旦有了畏缩心理，就会什么事也不敢做了。企业家的这句话同样也适用于父母对孩子的教育。

假如孩子想做什么新的尝试，父母一听就先说："你做得好吗？莫做错了，把东西搞坏了！"这样孩子就会犹豫畏缩起来，没有了信心！而信心则常是一个人做成事的后盾。反之，畏缩、害怕失败，心理上首先就失败了，便更容易把事情做坏。

有个围棋家说过："不尝试是无法知其成败的。"因而这位围棋家以此话勉励自己的弟子。所以他的弟子们都敢积极地进行挑战，而且多数成为了棋坛名人。

学习也是一样，只有敢于提问题，又敢于回答问题，才能把一门功课学好。一个在英语课堂上不敢开口，怕讲错的人，是绝对学不了英语口语的。

所以，当孩子们要求做某种尝试时，那怕我们知道会有许多困难，或者不会成功，但还是应该给孩子们一个尝试的机会，让他们去考验自己的才能。有时孩子能想出父母想不到的办法，超乎平常的构思，也不一定。如果事先就肯定会失败，而不许孩子尝试，那么孩子内心潜伏的无限可能性就会因此而得不到发挥。长此下去，这种害怕失败的心理状态，会使孩子不敢轻易尝试新的事物，造成孩子保持缄默和消极、被动。

而事实上，任何人的成功通常都是经历了无数次的探索与失败的。任何人在做什么事情的时候，都有一个学习与实践的过程，而且开始通常也都是做不好的。而是通过不断的实践，才由做不好达到了做得好。就以洗衣服这样一件简单的事而论，一个人初次洗衣服时肯定洗得不甚干净。因为他没有洗过，没有经验，不知道怎样才能洗得干净。做饭也是一样，很多人第一次做饭，不是少放了水，把饭煮得过硬，就是多放了水，把饭煮得过稀。这是不足为怪的。因而如果孩子在第一次做什么事，做坏了，父母不要过于责备，而应帮助他总结经验，找出没有做好的原因。下次也就可能做好了。所以，正确的态度，不是埋怨、责骂，而是热情地帮助孩子找出失败的原因。俗话说："失败为成功之母"，也就是这个意思。没有失败，何来的成功？

不过这个道理说起来简单，事实上做起来也并不容易。现实中就有这样的父母，他们看见孩子没有把事情做好，就干脆自己做了起来。他们的说法是："我自己动手省事得多。"

在现实生活中，有些孩子在考大学时，由于某些原因临场发挥得不够好，而没有考上。这时父母就焦躁不安，于是埋怨、责骂。这种做法是极端错误的，而且不利于孩子再战。像孩子考大学这种大事，我们当然不希望子女落榜；但同时我们却又必须允许和容忍孩子失败。一时失败了，坏事既然已经发生，父母就绝不要再埋怨和叱责。反之，应关心和体贴孩子的痛苦，同他谈心，共同找出考试失败的原因，想出克服的办法，找出前进和努力的方向，激励孩子再战，争取下次战斗的胜利！

孩子犯了过失怎么办？要坚持多劝诱，多疏导，多示范的教育方法，让孩子明辨是非鉴别对与错。伟大导师马克思每个星期都要抽出时间和孩子们一起玩耍。为了培养下一代，希望做父母的也能走进孩子们的"失败"中，去引导，去鼓励，去帮助，去发现，而不是"落井下石"，让更多的孩子成长为国家的栋梁之才。

"冷暴力"对孩子的危害

近年来，有关教育人士通过走访和调查研究发现，在很多家庭的教育中都存在着"冷暴力"，父母在教育子女时经常在言语和行为上对孩子施暴，诸如“你怎么这么笨啊，你看看别人家的小孩子多聪明”。“如果下次考试再不及格的话，你就别进这个家门！”“都跟你说过多少遍了，你怎么就不长记性？”“我已经对你失望透顶了，你爱怎么办就怎么办吧！”

没有了棍棒的挥舞，但嘲讽、恐吓的语言仍会像一把把锋利的匕首一样刺进孩子弱小的心灵，使他们深陷进自卑、自责的心理泥沼里不能自拔，以至于一些孩子在长大成人之后还深受其害。南京大学心理健康与研究中心的费俊峰副教授对此痛心疾首地说：“对于孩子，‘冷暴力’给他们身心带来的伤害更大，隐蔽性也更强，许多孩子因此落下了‘病根’，甚至十多年后也未必能驱散这个阴影。”

一位20多岁的大学生来到了心理咨询中心，向心理咨询师倾诉自己的烦恼。他说自己患有严重的自卑心理，平时不知道怎么与同学相处，心里总是有莫名的焦虑症状，上课的时候也无法集中精神去听讲。比这些更可怕的是，由于长期过着“离群索居”的日子，他的脾气越来越暴躁，已出现了明显的暴力倾向。在心理咨询师一系列的疏导和调理下，这位大学生透露了实情。原来他的父母望子成龙心切，在很小的时候就在他的肩膀上不停地压担子，动不动就大嗓门地训斥他，就是在这样的家庭氛围之下，他变得越来越沉默，越来越不自信。虽然现在他也想改变这种情况，可心里总觉得有阴影，耳边总有挥之不去的呵责声。

从心理学的角度来说，家庭教育中的“冷暴力”对孩子其实是一种精神上的虐待。“冷暴力”一般有以下三种常见形式：父母对孩子采取不搭理的态度，漠视孩子的存在。在一些家庭中，父母整天沉湎于搓麻将或赌博，对孩子的生活和学习根本不关心。还有另一些父母因为孩子的某些言行没有符合他们的要求，就采用漠视的态度作为对孩子的惩罚；父母批评过度，甚至对孩子全盘否定。造成这种结果的原因往往是因为父母对孩子的期望值太高，一厢情愿地希望自己的孩子能越来越好，可孩子总是显得力不从心；对孩子进行威胁和恐吓，这样的现象较之前两者更为常见，例如当孩子的考试成绩不理想时，很多父母就会有这样的言语：“考不了满分你就别给我出去玩！”“再要考这么几分，就滚出家门！”

江苏省有关部门曾对全省4000多名中学生进行过一次调查，经过调查后发现，有过一半的家庭都存在着“冷暴力”其中有17.2%的父母对孩子采取不理不睬的态度，有8.2%的父母对孩子进行嘲讽和挖苦，有28.1%的父母当对孩子不满意时便会进行威胁和恐吓。从调查中我们还可以看出，“冷暴力”对孩子带来的伤害是最大的，因为处在这个时期的孩子心理发育尚未成熟，另外他们对父母还怀有崇拜的心理，因此父母不经意间的一句话都会被孩子看得很严重。此时，如果父母“冷暴力”的教育方式，很容易让孩子患上自卑或自闭症。

近年来，校园里的“冷暴力”也越来越受到人们的关注，有些老师对于那些学习不好又调皮贪玩的孩子往往会采取一种放任自流的态度，就是既不打也不骂，只是把他们的座位调到最后一排，上课时很少把他们叫起来提问，仿佛他们根本不存在似的。另外，还有些老师习惯以一种高高在上的姿态站在孩子面前，对孩子声色俱厉，往往把教育变成了教训。

家庭中的“冷暴力”对孩子究竟会造成什么样的影响呢？有关专家认为，“冷暴力”会潜移默化地影响到孩子性格的成长，可能会导致孩子有退缩性人格或性格暴躁，富有攻击性。所谓退缩性人格就是指孩子长期不自信，有浓厚的自卑感，不敢与人交流。性格暴躁的孩子，他的内心就会充满“攻击性”，变得偏激、狭隘，容不得不同意见，对他人和社会在言行上可能会采取过激行为。

一些国家在如何教育孩子方面就有很多值得我们借鉴的地方。比如他们在面对孩子时大都会很温和，说话时的语气也包含着尊重的成分。当孩子去做一件事情时，只要努力了，即使结果不是很理想，也是鼓励大大超过指责，总是不断以“你做得很不错”、“非常好”之类的语言来激励孩子。

如果在对孩子的教育中想取得好的效果，就必须多关注孩子的情感需求。“多和孩子沟通，用关爱的语言代替嘲讽和威胁，孩子的成长会超乎我们的想象。”

第11辑

父母拿什么应对孩子的叛逆期

孩子为何总和父母“对着干”

逆反心理是指人们彼此之间为了维护自尊，而对对方的要求采取相反的态度和言行的一种心理状态。在青少年中常会发现有些人就是“不受教”、“不听话”，常与教育者“顶牛”、“对着干”。这种与常理背道而驰，以反常的心理状态来显示自己的“高明”、“非凡”的行为，往往来自于“逆反心理”。

逆反心理在孩子成长过程的不同阶段都可能发生，且有多种表现。对先进人物、榜样无端怀疑，甚至根本否定；对不良倾向持认同情感，大喝其彩；对思想教育及守则遵纪则消极、蔑视对抗等等。

贾玲小时候聪明伶俐，很听爸妈的话，是一个人见人爱的好孩子。可随着年龄的增长，她逐渐变了，凡事总爱与父母顶嘴，自作主张，有时还偏要同父母“反其道而行之”。例如，小学毕业后，爸妈为她选择了就近的一所重点中学作为报考志愿，而她偏挑选了一所离家较远的中学，她不是喜欢路远，而是有意同爸妈抬杠。有一天气候突然变冷，贾玲的母亲特意给她送去衣服，她竟当着同学们的面把衣服扔在寝室的地上；她爸爸平时工作忙，一有机会就想跟她聊聊，她却把他拒之于千里之外。这令贾玲的父母十分焦急，不知如何是好。

韩磊是家里的独生子，父母寄予他很大的期望，从小就对他管教严格。最近韩磊刚参加过中考，由于心理压力大、心情紧张等原因，平时成绩还不错的韩磊，没有很好地把握时间，导致做题时间不够，放榜之前韩磊就预料到自己肯定考不上重点中学。几天后放榜果然如此，他没能考上重点中学，于是父母一直对他非打即骂，说一些“没考上重点中学就考不上大学”，“你这么笨以后只能上街要饭”之类伤其自尊的话。之后有一天，韩磊在家玩了一会儿游戏被父亲发现，立即又招来一顿暴打。待父亲上班后，他随即出门离家出走，徘徊至深夜12点，又累又饿的韩磊终于一屁股坐在立交桥下哭开了。后来幸好被警察发现并把他送回家。

进入青春期对孩子来说是一个飞跃。生理上发生剧烈变化，心理上也发生着巨大的变化，表现在成人感、独立感的增强、产生认识自己、塑造自己的需要，及情绪“闭锁症”等方面。这个时期的孩子，由于缺乏生活经验，不能完全恰当地理解自尊，强烈要求别人把他们看作是成人。对父母的反复叮咛、包办代替感到厌烦，他们常常喜欢发表自己的意见，并且按照自己的意志行事，有时还会有意无意地顶撞父母。如果父母在同伴和异性面前管教他们，那么，他们的“逆反心理”会更强烈。

此外，孩子随着接触范围的扩大，知识面的增加，内心世界丰富了，形成了自己的价值观，这种价值观有时与父母的价值观不同，遭到父母的反对，得不到父母的理解。于是就在同龄孩子中寻找共鸣，父母也就变得不那么亲近了，此时，如果父母不了解子女的这种心理、生理变化，一味简单、生硬地管教，就会迫使子女产生反抗情绪和行为。

家庭是孩子成长的基本环境，它是一个人最先接受教化的地方，家庭中不同的教育方式会培养出孩子不同的心理品质和个性。有些父母运用了错误的教育方式，给孩子太多的压力，最终迫使孩子出现逆反心理。

逆反心理的形成与一定时期的社会条件、社会环境有着密切关系。随着信息时代的到来及大众传媒事业的发展，大众传播媒体对孩子的影响日益扩大，然而大众传播媒介在信息选择、制作上因着力大众，或者强调新奇性，介绍一些国内外的时尚新奇现象，而忽视了对孩子受众群体的关照，使一些成人文化中不良的、世俗的因素或因揭示某种现象或因制作节目的连贯性，本来用来警示人们和孩子的内容，却被孩子负面地接受了。

学校是孩子成长和社会化的主要环境，学校不良因素的作用也是孩子逆反心理形成的又一因素，而且是主要因素。有些教师教育指导思想的偏离和方法上的不当，或者在教育过程中不尊重学生的意愿，不理解学生的用意，从而使学生产生厌烦心理，而开始反抗。

由于相同的年龄、相同的心理、相同的爱好和志向，促使同龄的孩子喜欢聚集在一起。而孩子同辈群体中不良的价值观和行为倾向，致使一些本来正常的孩子心理上被潜移默化了，再加上孩子自身心理的不稳定和模仿性，容易使其逆反心理形成。因此，在孩子逆反心理的形成中同辈群体的影响是不可忽视的。

消除孩子的逆反情绪

有这样一些孩子，他们对待家庭以外的长辈都会有一些尊重，但对待家里的长辈就没有好的言语。孩子对待家里面长者不尊重，有时候并不是孩子在品德上有多么坏，真正的原因可能是在孩子心里有着逆反的心理。也就是说，可能是由于长辈在教育孩子的过程中方法不当，使孩子对待家里的长辈有逆反情绪，这使得家里的长辈在孩子面前得不到尊重。

孩子做错了事，作为家里的长者对其进行训斥，这是无可厚非的，但长辈批评后对孩子的安慰要比批评孩子更重要。长辈在对孩子批评后就随之弃之不管，孩子就会出现反抗心理，特别是长辈对他再批评的时候，孩子对长辈的反抗心理就会更强烈。一个人对另一个人有了反抗心理，他们之间就不会有尊重了。

反抗是孩子趋于成熟的标志，因为正是孩子对问题有了自己的想法，他才会反抗长辈对自己的教诲。孩子在成长中的这种现象被心理学家称为

"逆反期"。孩子进入逆反期以后，他会顶撞教育自己的长辈，这也是对长辈的批评和职责怀有不满的表现。因为成长起来的孩子自我产生的要求，与长辈对他的的要求有所冲突，孩子在这种冲突中历练才会长成成熟的大人，同时，在这种冲突中，孩子也会对长辈产生轻视。所以，为了防止孩子在长辈批评后的不平和不满中留下伤痕，长辈要对自己的批评善后，这样才能得到孩子的尊重。

长辈在必须批评孩子的时候，一定要毫不手软地去批评，但在批评之后，长辈要及时地伸出"救援"之手。例如，在批评完孙子之后，爷爷可以这样说孙子："爷爷骂了你，口都干了，快去给爷爷倒杯水，不然渴死爷爷你就没有这么好的爷爷了。"这种幽默打趣的语言既可以消除孩子紧张的情绪，也能使自己冷静下来反省自己的问题所在。如果长辈对孩子骂后便置之不理，孩子就不会反思自己的错误，不往深处去想自己为何而受到批评，反而会憎恨长辈的批评。

显然，在孩子的逆反期，长辈除了做好善后工作外，还要注意以下两点：

第一，要减少孩子对长辈对其批评教育的反抗感。长辈对孩子的批评，不一定非要当面斥责，这样会引起与孩子的正面冲突。因此，为避免发生冲突，长辈可以利用第三者和写信的方式来对孩子进行批评教育，这样，孩子往往会冷静地接受长者的意见。

第二，创造一种首先尊重孩子，接纳孩子，同时孩子也能接纳自己的气氛。在批评孩子的时候，不要用批评指责的口气，而要对孩子用建议、商量的口气。如果孩子顶嘴，要有一份耐心听完孩子的辩解，然后用讨论的方式来与孩子共同探讨事件的对错。

在孩子成长的过程中，孩子与长辈的争执、顶撞，有时是孩子从幼稚走向成熟中的自然现象。在这个过程中，如果长辈对孩子的教育态度过于草率，那孩子就会因此养成对老不尊的习性，孩子的德行会因此变坏。所以，能注意消除孩子的逆反情绪，那么孩子至少不会因为逆反而变得目无尊长。

父母对孩子不要太霸道

孩子在成长的过程中容易产生一些心理障碍，其中的原因就是父母对孩子的管教太霸道，他们没有站在孩子的角度去看问题。

有这样一个故事：一位年轻的母亲在一条繁华的街道蹲下身来为自己四岁的儿子系鞋带。母亲无意抬起头来发现，自己的眼前没有绚丽的彩灯，没有迷人的橱窗，也没有装饰华丽的广告牌……原来那些东西都太高了，一个四岁的孩子什么也看不见。落在她眼里的只有一双双粗大的腿和男男女女的裤脚，在他的眼前互相摩擦、碰撞、摆来摆去……这是这位母亲第一次从四岁儿子目光的高度眺望世界，她感到自己儿子的可怜。从此这位母亲发誓，今后再也不把自己的意志强加给自己的儿子。

孩子觉得父母在家里对自己太霸道，在父母面前，自己什么都不懂，父母一直把自己当成是三岁的小孩子。这样就会使孩子产生自卑、叛逆、抑郁等不良心理。所以，要想孩子有一个健康的心理，在对孩子实施教育的时候，一定要放下自己是父母的霸道架势，站在孩子的立场上为孩子想一想。有了这个态度，就可以预防孩子心理障碍的产生。

年少的孩子都不喜欢有太多的束缚，当孩子有了自己的主张，他们都希望按照自己的主张去行事。这时，孩子就无可避免地会和父母的意见发生冲突，这时的父母应该体会到孩子的这种需要，不要从自己的主观意愿来判断这种主张的合理性。父母学会倾听孩子的心声，学会设身处地去体会孩子的想法，并且尊重孩子，接纳他们的合理要求。这样父母的教育才会有效，孩子才会向正确的轨道上发展。

孩子犯了错，父母如果用责备的口气说：“谁叫你这样去做的！”虽然孩子迫于大人的压力会产生机械地服从，但在孩子的心理上会产生叛逆的心理。所以，父母责备孩子之前，要先和孩子来一个换位思考，对孩子说：“昨天太累了，才使你今天上学迟到。”或者说：“是爸爸没有及时叫醒你，以致于你迟到了而耽误了学习。”这种换位思考后的言语，包含着对孩子的理解，也有父母对孩子迟到的部分责任的分担。孩子听后，必然也会用心检讨自己的行为。如果父母说：“你今天真懒，不然怎么会迟到呢？”这样，不管孩子迟到的原因是什么，在父母的眼里，就是一个字：懒！孩子自然不会服气，这样的不服气多了，孩子要么会自卑，要么就会叛逆……当孩子有了心理障碍之后，他们所表现出来的就是一个坏孩子形象，这时，父母首先要收起自己的那份“独裁”，站在孩子的立场上来教育孩子。

那么，面对有心理障碍的孩子，要“父母对孩子不霸道”，父母又该如何去做呢？下面的一个案例，父母可以作为参考：

16岁的王涛进入高中后，变得越来越不听话了，他似乎喜欢和他的爸爸对着干。父亲因此加大了“教育”的力度，一发现王涛有什么不对，就会给他一顿训斥。面对王涛在足球场上的疯玩，他给孩子报了一个绘画业余学习班，想以此来收住孩子的玩兴。

自从被父亲逼着上老师家去学绘画后，和他酷爱的足球已经分别好几个月了。严厉的父亲坚决不允许他再踏入球场半步。每当他在老师家画着枯燥的素描的时候，对于足球运动的渴望使他痛苦难奈，他渐渐产生了叛逆的心理，并且这种叛逆在他画布上渐渐地加深。

父亲看出了其中的端倪，他很快地就改变了自己对孩子的策略。一个周末，孩子的同学来约王涛周日去踢球，父亲居然答应了孩子的要求，父亲唯一的条件是，要孩子带老爸一块去“练练脚”。周日的外出踢足球，虽然球踢得不是很精彩，但孩子却显得很高兴，父亲也很开心。回来后父亲对孩子说："和你一起踢球，我锻炼了身体不说，也感觉自己年轻了很多，在球场上能感觉到自己又回到了少年时代了。"父亲舒心地笑了笑，接着说："你在球场上和那么多孩子一起玩你喜欢的东西，那是你最开心的事，看来我叫你学画画是错的了。这样吧，爸爸准许你今后踢球了，画学不学随你。"听完父亲的这番话，王涛的眼里盈满了泪水，这是孩子的委屈得到理解后，压抑的心情得以释放的结果，孩子对父亲的怨恨也随着眼泪的流出而减少了大半。

在这以后，父亲改变了自己"霸道"的态度，说话时特别注意少用强制性口气了，让孩子做事也试着用商量、征询的语气，父亲改变了居高临下的俯视式的教育方式。没过多久，王涛的情绪有了很大的改善，他也及时地改掉了自己刚刚萌发的叛逆情绪。

所以，在教育孩子的时候，多角度地去为孩子着想，比如，孩子的兴趣，孩子的年龄特点，孩子目前所处的环境氛围……还要站在孩子的立场上去做事。比如，和孩子一起玩耍，和孩子一起说笑，和孩子一道争论……只有站在孩子的立场上，父母才会教育好自己的孩子。

帮孩子克服厌学情绪的办法

孩子逃学，从孩子所犯的错误来说是比较严重的，是公开违犯校纪校规的表现；从学习方面说是对自己责任的一种放弃。孩子逃学是厌学、恐学的表现。逃学的孩子，大多数是因为学习吃力。常见的症状是上课听不懂，作业不会做；老师天天批评，同学时时告状；父母天天指责，同学时时嘲讽。因此这些孩子只有利用逃学去暂时躲避一时，以使心里获得一丝轻松。孩子厌学，不是一天两天造成的，大多是因为孩子从小没有获得良好的学习基础和养成学习的习惯。因此在明白父母有责任，学校老师也有责任的同时，要解决孩子逃学问题，还必须由家校双方共同配合来对孩子进行综合“治理”。

父母应该从几个方面同时纠正孩子的逃学现象：

1. 父母要先和孩子交心

孩子的逃学不是一时之举，孩子在自己学习“失败”的过程中，也会引起他们对自己父母教育方式的反思，他们在心里可能保留着对父母的一些意见。因此，在纠正孩子厌学情绪时，父母要先和孩子用交谈的方式，解除掉孩子心里对父母的意见。父母应向孩子承认自己在教育上有失误。父母应该在自我反省的基础上跟孩子倾心交谈几次，听听孩子心里是怎么想的，跟孩子一起探讨学习和不学习的理由。父母的诚恳态度是孩子转变的重要因素。

2. 父母要经常与孩子的老师接触

要经常与孩子的老师交流，与老师一起分析孩子的主要问题在哪里，对孩子的学习情况要进行仔细地分析，明白孩子现有的学习态度、方法，找出其中的不足，问题找得越准越好，这才便于有针对性地采取改变孩子逃学的措施。孩子出现旷课、逃学现象以后，要经常与班主任保持联系。根据孩子的特点，请老师在班上给孩子安排力所能及的任务，使孩子改变不利的角色地位；可以准备一个家校联系本，由孩子、父母、老师共同写联系内容。有时，学校为了严肃校纪，对屡次逃学的学生给以必要的处理，父母应配合学校，抓住机会做思想教育工作，让孩子下定决心，有一个新的开始。

3. 让孩子与好孩子交朋友

跟老师商量后，选择与自己孩子有交往基础、能帮助自己孩子学习的孩子做“老师”。为了郑重起见，父母最好带孩子到对方家里去向对方的父母做出表示。

4. 请家庭教师

利用双休日请一位家庭教师给孩子补课。请教师前，孩子应有充分的思想准备，不能有依赖心理，以防孩子放弃课堂。孩子可能有几科学不好，那就先补一两科。请比较有经验的教师。对自己的孩子要有具体要求，如“自己先看，不懂再问”，“自己先做，哪里不会再问”，“课前预习，找出难点，上课专心听讲”等，孩子没有积极性、主动性，光依赖家庭教师肯定不行。

5. 父母陪孩子学习

有的孩子厌学与父母的不爱求知有关。这些父母应该转变思想认识，认真学点东西，学孩子的功课或者另外学习某一门知识。父母与孩子安排共同的学习时间，有互相监督检查的措施。

6. 与其他孩子的父母结成联盟

如果有几个孩子群体旷课、逃学，几位父母应联合起来共同商讨对策，跟班主任一起研究帮助措施。比如共同请家庭教师，订互相促进计划，共同进行文体活动，把孩子的积极性调动起来。父母结成联盟，对孩子的学习形成“联教”，对孩子的逃学形成“联防”，效果是非常明显的。

在帮孩子克服厌学情绪的过程中，父母应该明白孩子的学习不是一下子能上去的，因此对孩子要有耐心，要不怕反复去说服孩子。父母如果对孩子的信心不足，或者对孩子采取放弃态度，那孩子就有可能破罐破摔了。**对厌学的孩子，切不可“批”字当头，“罚”字当头。要实事求是地看到孩子的优点和微小进步，及时给以肯定，使孩子有成功的感受，逐步提高自信心，由“厌学”变成“喜学”，逃学的问题就会解决。**

时常灭一灭孩子的傲气

一个骄傲的孩子，他与人存在着交往的障碍，这种障碍使骄傲的孩子大多数时间都是生活在自己狭小的空间里，这对一个正在成长的孩子来讲是十分不利的。他们的骄傲，使得这些孩子把自己深锁在“高傲”的心理

王国里，使他们自己变得狭隘、自私，而他们自己却全然不知。

人都有优势和劣势，一个正常的孩子，他在对待自己优势和劣势的时候，他会有一个平衡的心态，这就是不卑不“狂”。当这种优势和劣势在一个人心中失衡的时候，那么他就会表现出狂傲或自卑。所以在纠正孩子孤傲的心态时，我们想办法来削弱孩子心中的那份优势，使他在心里没有自持的筹码。

削弱孩子心中的那份优势，不是让父母去打击孩子，而是使孩子认识到他人的优势。也就是说，在孩子的心理上缩短他认为其他人与他的差距，认识到他所轻视的人的优势。这样才能彻底解决孩子骄傲的心态。

金洋从小学到现在一直享受着这样的待遇：他在学校是个受同学欢迎的人，学校校长看着喜欢，班主任更是视他为班里才子；金洋回到家，爸妈更是把他捧为掌上明珠，对他宠爱有加。

对于班级来说，班主任十分高兴能有这样一个能干的学生，所以也一直都很重用金洋，班里的事都让他管，可渐渐地，金洋养成了骄傲心理。金洋越来越自命不凡，和同学之间的矛盾也越来越大了。在和同学的交往中，父母常常会听他说这个同学“是笨蛋”，那个叔叔的儿子“能力差”。面对同龄人的进步和成绩，他不是摇头就是撇嘴，这种举动的意思十分明显：没人能比他更好了！也许正是金洋的这种心态，他引起了很多同学的不满，在一次全市三好学生竞选时，他落选了。当时，金洋很难接受这个事实，回到家后大发脾气，把以前所获得的一些奖品、奖状都扔到了垃圾箱里，他用这种方式表示对落选的不满。

这时，金洋的成绩也下降了，原因是金洋想用“轻松”的学习方式向同学展示自己的“优异”和“与众不同”，但没想到自己的“轻松”却成了在学习中的“放松”。金洋的父母因此着急了，他们想尽快让孩子摆正心态，把学习提上去。

很显然，金洋是因为太自命不凡了，教育这种孩子，最好是引导他们意识到他身边人的优点，使他自己感到有改正自大的必要。金洋父母的做法是：不是对金洋的缺点进行逆阻，而是创造一定的条件和机会，使他看到其他孩子的优点，从而促使金洋反省自己：自己的优势有多大？当他意识到自己所谓的优势是因为自己的一种自大时，他就会产生羞愧难当的感觉，进而痛改前非。在他认识到自己错误以后，父母再启发他明白“寸有所长，尺有所短”的道理。

不久，他的语文老师布置了一篇作文，题目叫《开发太空》，他写了以后并没有得到老师好的评价，而班中一位平时较为调皮的同学的文章，老师倒把它当作了范文，还读给全班人听。这让金洋很不高兴，回到家里仍然像往常一样发着脾气。

他的父亲知道情况后，想借这个机会教育一下自己的孩子，当他看到自己的儿子在生气的时候，故意说：“老师可能不是很公平，明天你把两篇文章都带来家，我来给你们评评谁的好。”

第二天，当父亲看完两篇文章后，郑重地对金洋说：“我看你们的老师很公平，这位同学写的就是比你的好。”父亲看出金洋的不服气，于是父亲拉着他的手告诉他：“做人不可以太过骄傲，每个人都有自己的长处和缺点。今天这位同学的文章写得比你好并不希奇，因为每个人都有自己的优点。”接着，父亲又帮他分析了三好学生落选的原因，告诉他：三好学生的落选并不是因为他水平不够，而是他太过于骄傲。如果同学选他，他就会把当三好学生看成是一种炫耀，这无形中是对其他同学的一种贬低，所以同学们才不会选他。

金洋听后，只轻轻地说：“我知道了……”果然，在那以后金洋就变了，变得乐于与同龄人交流了，变得能虚心地听人建议了。是父亲使金洋在生活中实实在在地看到别人的优点，这也使孩子看到了自己的缺点，这种教育方式令孩子心服口服。

因此，当孩子能看到他人优点的时候，这就淡化了自己心理的优势。换句话说，面前的人在自己的心中有了“优势”，谁还会再瞧不起呢？这种“平衡孩子的心”的办法，会从根本上剪去孩子骄傲的羽翼。

你可以让孩子把脾气改好些

时下，我们经常会听到有些父母抱怨自己的孩子脾气大，在日常生活里，只要有一点小事不顺着他的意思去做，达不到他的要求，他就会变得歇斯底里，和父母大吵大闹一场。为此，也有不少父母叹息："我家这孩子，真是管不了！"很多事实也证明，现在孩子的脾气是越来越大，越来越坏。

14岁的明明为了玩网络游戏而和爸爸怄气，竟然硬生生把爸爸的手指掰断了；正在上初二的小芸在家经常借题发挥地埋怨父母；16岁的小强在和父母争吵之后，一挥手把上前劝他的妈妈推倒在地；一位母亲为了让女儿在进门之前先换鞋，竟然迎来了女儿的一顿大吼大叫，只好亲眼看着自己15岁的女儿紧攥着拳头，向她咆哮完之后，怒气冲冲地跑到了自己房间里，把书包使劲地往地上摔去，还一把掀翻了书架……

面对孩子如此种种的行为，很多父母在无奈和伤心之余，并不知道如何去解决，只能是干着急却束手无策。这显然并不是解决问题的好办法，如此一来反而更助长了孩子的坏脾气，使他们变得越来越肆无忌惮，"有理不让人，无理搅三分"，稍有不如意就借着摔打东西来发泄，或者对着父母大吵大闹一顿，更有甚者还跟父母大打出手。还有一些父母认为孩子这样的表现，与他们的青春期的叛逆有关，因此只会是阶段性的，等过了这个阶段孩子就不会再这样了，于是置之不理。但这些父母却忽略了这样一个现象，就是父母如果不正面应对孩子身上存在的这一毛病，不久就会发现，在他的身边根本没有什么朋友，而且也无法与老师或其他成年人融洽相处。在他们长大之后，这方面的缺失将会影响他们的一生。

从教育者的角度出发，一个人无论具备怎样的一种性格和行为习惯，都会有一定的形成原因。那么，是什么原因造成孩子有这样大的脾气呢？**中国心理学协会的学者宋群认为，孩子坏脾气的形成来自于两个方面，一个是外部环境的塑造，另一个是内心的心理因素。其中，父母对孩子的长期溺爱是造成孩子脾气坏的最直接的原因，而孩子产生并逐渐强烈的“成人感”是他们脾气坏的诱因。**

在家庭生活中，如果父母双方都爱激动，并且经常吵架，这也是造成孩子脾气坏的外部因素之一。孩子会因为受到父母的影响，性格变得急躁、不稳定、容易着急，在看待问题时也很容易走极端。

另一个原因是，正处在青春发育期的孩子，他们在身体迅速成长的同时，在生理方面也逐步成熟起来，因此在心理上就想努力摆脱对父母的依赖性，好让自己能够以独立人格出现在旁人的面前，但另一方面让他们苦恼的是，自己的知识、经验和能力却并不能帮助他们摆脱依赖父母的习惯。正是在这样的一种矛盾和困惑之下，他们常常会处在焦虑的情绪当中，进而会时常产生不能自控的情绪波动，以至于每当面对父母的时候，这种情绪波动便不由自主地发作了起来。

对于孩子的坏脾气，父母不能等闲视之，应该引起足够的重视。美国相关研究人员的报告指出，如果孩子长期乱发脾气的话，可能是他正处于危险的抑郁症或破坏性疾病当中。因为，健康的孩子往往很少带有攻击性的脾气。既然如此，针对上面指出的造成孩子脾气坏的种种原因，当孩子正在发脾气的时候，父母应该采取什么样的方法和措施来加以应对呢？

总体上来说，当孩子正在发脾气时，父母要先冷处理，也就是把他暂时搁置在一边，不要和他直接对话，因为这时的孩子是什么也听不进去的。等到他平静下来之后，你可以心平气和地询问他刚才发脾气的原因。在同孩子交谈的过程中，父母要做到两件事，一件事让孩子明白发脾气是并不能解决问题的，另一件事就是听听孩子的想法，了解孩子发脾气的原因，帮助孩子控制自己的情绪，学会用适当的方法解决问题。

当孩子发脾气的时候，父母尤其要注意冷静，不要被孩子的坏脾气传染。有一些父母，孩子正在生气，谁知他们比孩子更生气，结果弄得大人和孩子都是火冒三丈。这样的做法根本解决不了问题。正确的做法应该是这样：当孩子生气的时候，父母要静下心来，耐心地等待孩子把气撒完，然后再去和孩子沟通。

谁说孩子总是那么叛逆

孩子进入青春期后，以前听话的“乖乖女”“乖乖儿”就会变成“犟头驴”——这是孩子青春期一个必然要发生的现象。教育处在青春期叛逆状态的孩子是件很棘手的事，这时，父母对其“强加束缚”往往成了教育孩子的主要手段，可这种“强加束缚”用得不好，就会增加孩子的对抗情绪和叛逆心理，难保孩子会出现行为的偏差乃至滑向歧途，因此，父母就要注重自己的教育方式，当许多传统的教育方式已不能见效时，这时不妨换一种心态，变化一下方法。

一个孩子是不是温顺，主要就是看他与父母的对话是不是温和。但现在的很多孩子说话不知轻重，常常会出口伤人，偏激的言语常会刺伤父母对孩子那颗慈善的心。说话不知轻重的孩子，他对父母的言语是冷漠的，父母不会得到他一句体贴和温暖的话。在孩子心里，好像总有着某种对大人的不满，他们喜欢用伤人的语言来宣泄着自己不满的情绪。这种现象是孩子在逆反期常出现的，不同的孩子会用不同的方式来进行“自我释放”，前面提到，逆反的孩子会频繁地大发脾气、与父母过度争吵等。如果父母不能对孩子进行有效地纠正，会导致孩子更严重的叛逆情绪，后果往往不堪设想。

孩子变得暴躁，这是被自己不满情绪憋闷的结果，这时父母对孩子

的教育，不能对孩子“头痛医头，脚痛医脚”，这样的教育是治标不治本的。要从排解孩子心中的怨气入手，在生活中我们面对逆反孩子的时候，我们要注意两个方面：

1.不要惹孩子生气

不惹孩子生气，这在家庭教育中父母很难做到。在很多家庭教育中，父母对孩子的教育与孩子生气是两条并行线，就像火车的两条轨道始终并存。最好的教育办法是使孩子能高高兴兴地在接受你的教育的同时，要使自己的孩子不会生气。

孩子“高高兴兴地”接受教育，这似乎不符很多父母的教育习惯，他们在教育孩子的时候，力求自己有这样一个教育基础：威信+严肃+强制，似乎这样面对孩子时，自己的教育才会收到效果。其实，孩子生气乃至于脾气暴躁，正是父母在教育孩子时，父母“威信+严肃+强制”的结果。如果父母在面对孩子时黑着一张脸，再加上命令式的说话方式，就是再温暖的言语，孩子听起来也不会舒服，时间久了，导致孩子叛逆的情况就会出现。因此，我们在教育孩子的时候，要想让孩子在平和快乐中接受你的教育，你就要脸上多几分笑意，给孩子几分平等，用语要讲究几分委婉，在快乐的氛围中使孩子接受“和风细雨”式的教育。这样，你在说教孩子的时候，孩子就不会生气，就会把孩子说话很伤人乃至叛逆的苗头扼杀掉。

不要使孩子生气，这并不代表不能责备孩子，当必须要责备孩子的时候，就要尽力去责备孩子，关键是在责备后要及时“安抚”好孩子。

2.我们要学会给孩子“消气”

孩子有了叛逆的情绪以后，他就会在言语上刺激大人，在这个时候，我们就要给孩子消气。对于孩子的生气，是很多父母喜欢忽视的一个问题，他们觉得，孩子生气，只是一种“孩子气”，在孩子的成长过程中无伤大雅。这是一种对孩子生气的错误看法，因为孩子一次生气就是一次不满的表现，如果孩子的“气”得不到及时地舒缓，孩子就有充足的时间去想一些自己的道理，而且生气会使孩子坚定地改变或认同一些看法，这些看法都是在孩子情绪不稳定的时候思量的，这就使得孩子的这些看法错误的较多。生气的次数越多，在孩子心里聚集的“错误”就越多。因此，孩子经常生气而又得不到排解，这会隐藏着巨大的教育隐患。所以，孩子生气了，父母要把它看成是一个孩子的问题，而且父母及时给孩子消消气是很有必要的。

有的父母或许会说：孩子生气了，要想他开心起来，那我们只有放下父母的架子去哄孩子。父母的这种做法只对了一半，父母在给孩子消气的时候，必须要放下高高在上的那份威严，但绝对不是要父母去哄孩子。

哄孩子往往是父母对孩子错误的一种让步，用降低对孩子的要求来舒缓犯错所带来的压力，这样使孩子开心起来，对孩子来说，这是一种纵容。

所以，孩子不高兴了，我们可以这样直接问孩子：“我的宝贝为什么又不高兴了呀？”当然，也可以间接了解孩子不高兴的原因。然后，在和孩子平等的基础上交流对问题彼此的看法，用道理来说服孩子，直到孩子认同原先因自己不理解而使自己生气的那些道理。孩子道理想通了，心里的气也就消了。做到了这两个方面，孩子就会常以心情舒畅的状态出现在父母的面前。

所以，当孩子表现出叛逆时，先不要埋怨“这孩子太过分了”，应首先想到“孩子又生气了”。这样，在教育孩子的时候，就不会抓住孩子的问题不放，而是直接找到产生这些问题的原因，这就能平息孩子心中的逆反情绪。这种教育方式之所以有效果，它能直接从根本上解决问题。你想，孩子言语不好，只是生气的原因，我们不让孩子生气不就行了吗？或者孩子心里有气，我们能学会替孩子消去心中的怨气，孩子不就变得温顺了吗？

第12辑

好父母教育孩子不该有失误

当大人对孩子有了偏见

汉字与其他拼写文字不同，字的结构中往往具有内在的含义。你看在汉字中“人”“扁”为偏，它是在告诉人们，人一旦有了偏见，就会把人看“偏”了，把“人”也看“扁”了。孩子显得笨，有时是大人对孩子的偏见。偏见是一个人头脑中存在关于一类人的固定印象，从心理学上说，就是一个人在他心中的“刻板印象”，根深蒂固得都无法改变。在看待一个孩子的时候，大人往往有这样的偏见：

（1）成绩不好的孩子往往是笨的，成绩好的孩子智力肯定会出众。

（2）父母平庸孩子也不会突出。

（3）这个村子人没出过大学生，或者一个家族没出过大学生，他们的孩子也不会聪明。

（4）父母名声很坏的孩子“不聪明”。

……

有这样一个故事：有个老师在白纸上画了一个黑点，而后问他的学生：“你看到了什么？”学生回答说：“我看到了苍蝇、芝麻、污迹等。”孩子们的目标都没有离开这个黑点。这时，老师的一番话启发了教室里的孩子：“为什么你的眼睛仅仅盯住那个黑点？而没有看到黑点旁边的那一大片的白纸？而正是这个黑点束缚和禁锢了我们的思维，使我们对原本更好的东西产生了偏见。”

其实，受启发的不仅仅是他的学生，这个故事告诉我们，偏见可以掩盖很多真实的东西。因此，大人们上述的这些偏见，会对一些孩子产生“笨蛋”的印象：一是成绩不好的往往很笨。这在前文也提到过，不再赘述。二是父母很平常，他的孩子也不会聪明到哪里去。在义务教育期间，有这样的一个现象，就是班级里表现好的孩子，最多的要么是村长书记的孩子，要么是大款显贵的孩子。我们不否认这些人家教做得好，以笔者多年的探求发现，这些孩子在上学的第一天起，因为他们的父母“不平凡”，老师自然就以为他们“聪明得很”。在以后的教学中，自然对他们另眼相待。这样在老师印象中是“笨蛋”的，多是平常老百姓的子女。由于得不到老师的关注，没过几年，他们就真的变成笨蛋了。还有父母名声很坏的，即使孩子很聪明，老师也会认为这种聪明是“邪”的。对这些孩子的印象像《神雕侠女》中在武当时的杨过。因为父亲“邪”，孩子也不会“正”到哪里去，老师会在潜意识里压制孩子的这份聪明。

……

在我们的家庭教育中，很多父母存在着对孩子智力认识的一种偏见。父母对孩子有了偏见，对孩子的智力评价就会打折扣，对孩子的现状就会抱怨和指责，即使有时孩子不是智力上犯的错，父母也会把这种过错当作智力不好的原因。在孩子的潜意识中，就会对自己的智力失去了自信心。孩子在那些实际上稍加考虑就能完成的事面前，她也不会动脑筋了。这时孩子就会夸大自己智力的缺点，自己会觉得自己不够聪明。

教育者的这些偏见，使一些聪明的孩子变得不聪明了，从某些方面抑制了孩子智力的发展。因为偏见决定对孩子的教育态度，而教育态度又决定孩子的发展。

有一位很有名望的教育家要在一所极普通的学校里搞调查，他让老师在一个班里随机抽出20个被认为最笨的孩子。教育家对这20个孩子逐一进行了考察，然后从中选出9个人，他偷偷地对老师说，这9个人有不逊于爱因斯坦般的大脑。孩子之所以显得笨，是因为老师自己的教育方式不适合这9个孩子，教育家希望老师能对这9个孩子特别对待。之后过了一年，没想到这9个孩子在各个方面都表现出色。更没想到的是，这9个孩子教育家并没有逐一进行考察，而是随便抽取的。因此，看待孩子的“眼光”对于孩子的成长的影响是很大的。心理学家还曾做过这样一个试验：他们向两组不同的孩子先后出示同一张傻子的照片，心理学家向第一组孩子说，这是一个笨蛋；心理学家对第二组测试的孩子说，这是一个科学家。他先后让这两组孩子根据他给的这张照片，用文字来描叙这个人的眼睛。

第一组的孩子是这样描述的：

他的眼神呆板无光……

第二组的孩子却是这样描述的：

他深陷的双眼充满着智慧……

从这个试验可以看出，仅仅因在事前得到了不同的提示，对一个人的评价结果就有天壤之别。这就是偏见在作祟。教育者一旦有了偏见，再聪明的孩子也会变笨。偏见会对孩子的成长带来很大的伤害，它使一些本当杰出的孩子沦为平庸。

过早教育会影响孩子的心理健康

许多父母由于望子成龙、望女成凤心切，都很早对孩子进行文化知识的教育，以免孩子会输在起跑线上。但根据有关研究，过早对孩子进行文化知识教育，并且学习和教育方法有误的话，会给孩子的心理带来不良的影响，也会影响进入小学后真正的文化知识的学习。因为在幼儿期，孩子的性格、情绪情感、能力、人格等方面都处在奠基的时期，这时让孩子学习他并不能完全理解的文化知识，会给他造成很大的心理压力，使孩子情绪紧张，焦虑，严重的还会出现逆反情绪、性格孤僻、遗尿等现象。所以，对孩子进行早期教育，要注意一是时间上不要过早，一般应在三四岁以后，二是内容上要照顾到孩子的兴趣，不要拔苗助长。

许多父母存在一些片面甚至是错误的家庭教育观念，认为越早教育孩子越聪明，把孩子的学习看得过重，期望值过高。许多孩子被父母从幼儿园接回后并不是直接回家，而是被送往各种学习班学绘画、学钢琴，小小年纪就背负了父母过多的期望，很容易造成子女学习压力过重，严重的就会出现心理行为问题，如睡眠障碍、饮食障碍、情绪障碍（如恐惧、焦急、易怒等）、遗尿、多动和抽动（如挤眼等）。

要避免孩子出现类似的心理行为问题，最主要的就是要重视孩子的天性，多给孩子一些自由玩耍和游戏的时间。在玩耍中，孩子们可以学会与人相处，模仿伙伴们的为人处世方法，学会忍让、宽容、合作等人际交往的优良品质和性格。**父母应该在孩子的玩耍和游戏中有意识地培养孩子学习的兴趣，而不是违背孩子成长的正常发展规律，管束过严，经常打骂，这样得到的结果只能与父母的主观愿望相反。**

正常的教育方式应该是3岁以前不记忆，5岁以前不认字，9岁以前不学外语，意思是这些能力都不需要父母去刻意地教授、刻意地给孩子灌输，这些都是根据孩子的发育规律制定的。比如9岁以前不学习外语，是因为这个阶段孩子是通过母语来学习思维能力的，如果刻意地让他学习外语，语言能力是发展了，但是思维能力也不能正常发育了。

现在我国也有儿童出现自闭症现象，大部分是因为过度的早期教育造成的。

除了个别的天才在某些方面表现出超常的天赋可以个别培养，大部分的孩子应该按部就班地进行教育。有科学研究证明，至少70%到90%的孩子应该是接受正常教育的，只有5%以下的孩子需要个别教育，但也应该在专家的指导下进行。

不要忽视“多元智力理论”

人们总是发现“聪明”的人是少数。在一所普通中学的班级里，学习好的没有几个，大部分孩子都很“笨”。但是，很多父母和老师不难发现，这些笨孩子在生活中也会透露着一些灵性，你根本看不出他有多么笨，但一坐在课堂上就变成了傻子一样。如果父母了解了多元智力理论，父母就会理解这种现象了，也不会为自己的孩子不聪明而担心了。

1983年，美国哈佛大学心理系教授加德纳提出了关于智力的新理论——多元智力理论。多元智力理论认为：每个人的智力都有独特的表现方式，每一种智力都有多种表现方式。**加德纳认为，人类相对独立地存在着七种智力：言语-语言智力、音乐-节奏智力、逻辑-数理智力、视觉-空间智力、身体-动觉智力、自知-自省智力和交往-交流智力。例如根据加德纳的说法，数学成绩好的孩子是数理智力很好。**

因此，孩子的智能发展，不存在“笨”的孩子。孩子与生俱来就各不相同，他们在心理与智力水平上有着各自的风格与强项，每个孩子都能在教育者的有效教育下得到充分的发展。我们在看待孩子的聪明时应该认识到，不存在一个孩子有多聪明的问题，而只有一个孩子在哪些方面聪明和怎样聪明的问题。犹如姚明善于打篮球、丁俊辉善于打台球、杨振宁擅长物理研究一样，我们也不能说上述人物谁更聪明，我们只能说他们各自在哪个方面聪明，以及他们各自怎样聪明。

父母和老师觉得孩子不聪明，这也正是对多元智力理论的忽视。根据多元智力理论，我们很难找出一个适用于任何人的统一评价标准来评价一个人的智力高低或聪明与否。

每个孩子的成长都有不同的先天和后天的影响因素，他们都有自己的爱好和长处。由于所处环境和受教育的不同，这就使孩子主观心理活动各有不同，不同的孩子各有具体的特点，表现出千差万别的个性，有的温和，有的暴躁；有的反应敏捷，有的反应缓慢；有的口才不凡，有的却不善言辞……学校里不会存在所谓的“笨”孩子，每个孩子都是独特的个体，发展水平和速度不同，兴趣和爱好各有不同。苏东坡37岁及第，却融儒、释、道于一体，诗、书、画俱佳；爱迪生小时候被老师认为是一个低能儿童，到后来却成了大发明家。因此，父母要相信每一个孩子都是聪明的人，要挖掘每一个孩子的优势潜能，并给予充分的肯定和欣赏；其次，父母要为所谓的笨孩子设计“因材施教”的方法，来配合孩子的智力优势，促进其优势才能的发展。

其实加德纳的这种理论我们的祖先早就明白，因为我国有这样一句俗话：“三百六十行，行行出状元。”其中隐含的意思就是告诉人们，人的能力是各有各的优势，我们不能说贝多芬、爱因斯坦、毕加索等谁最聪明，根据加德纳的多元智力理论，我们更不能说哪一种智力重要哪一种不重要，我们只能说这几种智力在个体结构中占有重要的位置，处于同等重要的地位，它们在每一个人身上都有自己独特的表现形式。刘翔跑得快，郭德刚相声说得好，郎朗钢琴弹得棒……这其中的实质，不是他们有多“聪明”，而是他们各自发展了自己的智力优势。

所以，人们眼里的笨孩子，本质上是人们对孩子智力多元化的认知不足造成的误解。多元智力理论成为许多西方国家90年代以来教育改革的重要指导思想。父母理解多元智力理论对孩子的教育有着现实意义。总之，父母应该摒弃以考试为标准的智力测验、智力评价，应该从多方面观察、评价和分析孩子的优点和弱点。并把这种通过多方面观察、评价和分析孩子的优点和弱点得来的资料作为培育孩子的出发点，以此为依据选择和设计适宜孩子教育的内容和方法，让“笨”孩子也聪明起来。

你会用“分数”衡量孩子吗

在升学制度的压力下，孩子的自我价值，常量化为成绩单上的分数。成绩不好的孩子，就像被贴上卷标一般，即使在其他方面有特殊优异的表现，仍无法摆脱学业上的不足。

每当孩子考完试后，父母见到孩子的第一句话往往是：“考得怎样？”如果取得了好成绩，父母会非常高兴，在表扬孩子的同时还会给一些物质奖励；若考试成绩不理想，父母的脸立马“晴转阴”，接踵而来的则是唠叨不休的训斥。

无可否认，中小学时期是孩子打好文化知识基础的关键时期，考试成绩作为学习优劣的重要标志之一，自然会牵动每个父母的心。但过分看重考试分数，用钱物奖励学习的做法是不可取的。这一方面会使孩子逐渐形成“学习是一种有赏活动”的概念，导致学习动机发生偏差。而且一旦孩子考出好成绩而没有得到奖励时，就会在心理上产生“不公平”感，引起思想、情绪的波动和学习热情的下降。而另一方面，孩子考试成绩不太理想时，父母采取过激行为，以求下一次考出好成绩的做法更是事与愿违。因为，没有考好孩子心里也不好受，内疚、害怕、担忧等复杂心理使孩子不知所措。这时父母若不能克服急躁情绪，采取打骂、冷落、甚至惩罚的做法，只能是“雪上加霜”，加重孩子的心理负担。假如孩子从父母那里经常得到的是否定性的评价和“这也不行那也不行”的体验时，他就会在心里真的认为：自己不如他人，学习兴趣、自尊心和自信心也会因此而减弱，而且，有的还会诱发自卑心理和“破罐子破摔”的自弃行为。

父母应当明白，在给孩子的正规教育中，学习的终极目标是培养孩子在各方面的能力，将它应用并生活化，而并不是死板的记忆。一个功课不好的人，并不代表他不会在其他方面成功。常有父母因为孩子成绩不好而否定孩子的价值，过分强调智育或IQ的结果，无形中灌输孩子不当的价值观，也造成孩子成长过程中行为受影响。

有一个5岁的小女孩，每听到音乐就能合着节拍跳起舞来，对音乐的表现也很到位，学习舞蹈速度之快让人惊讶。一次幼儿园的舞蹈表演活动中，一个跳领舞的孩子临时不能来，只看过几遍的女孩顶上了这个角色，她的舞蹈动作、音乐节拍、队型变换、与舞伴的配合都很到位。可是，她被父母贴上了“不聪明的标签”，原因是她的计算学得不好：五个苹果被吃了三个还有两个，她知道，但不知道五减三等于多少，因此，父母偏执地认为是跳舞让孩子分心，并且成为不能学习舞蹈的原因。

在现实中，每个孩子的智力水平不可能是全面均衡的，或多或少具有差异性，父母在生活当中要注意观察孩子，从中发现孩子智力的差异性，在对孩子的培养方面要依据孩子的特长、兴趣等量力发挥，以优势智能带动弱势智能。只有这样，才能公平看待孩子。

我们承认，孩子的智能是多方面的，每个孩子都有某方面独特的本领或不同领域智能，孩子的父母更要做一个有心人，去发现孩子身上的聪明才智，一旦孩子的潜能被发挥出来，家庭和幼儿园、学校就该因材施教，设置独特的符合个人需要的课程。并且适当的教育方式、富启发性的学习环境都可以扩展孩子的能力。

如今很多孩子的父母，在物质上对孩子是一味满足，要啥给啥，而在孩子精神需要方面却极其吝啬，在学业方面则是给孩子强力的压迫、挫折的鞭挞。孩子无力反击，那怕想反击，父母也会施以无情的打击，他们会告诉孩子，“不读书，只能捡垃圾”，“学不会，就不要去跳舞”，“考不好就送你去当小丑”……这时父母忘了自己孩子还有跳舞的潜能，她也许是属于身体运动和音乐智能聪颖的孩子。这样一来，孩子的聪明就被扼杀了。

父母要学会正确对待孩子的成绩，这对孩子的健康成长具有举足轻重的作用。孩子考完试后，父母需要做的应该是，认真询问一下孩子的考试情况，同他一起分析一下错误的原因，帮助他弄懂那些不明白的问题。让孩子感受到，父母看重的并不是考试的分数，而是对所学知识的掌握情况，非常关心他的学习和进步。使孩子体验到一种温暖，感受到一种力量，朝着你希望的目标去努力。孩子取得好成绩时，父母应投以赞许的目光、给以亲切的爱抚，在充分肯定成绩的同时指出不足，并提出更高的要求。如此一来，既满足了孩子的成就感，又使他感到还存在不足，进而激励他更加专注地投入到学习生活中去。

铃木上小学时，日本的升学竞争很激烈，所有父母关心的是孩子的学习成绩。但铃木的爸爸对他的成绩要求却不高，每门功课只要考60分就行了。

“60分怎么行？”儿子不解地问。分数像座大山一样压得他有点喘不过气。

“60分怎么不行？”爸爸反问道。

“60分就代表及格了，及格了就表示合格。你想想，工厂的产品合格就出厂了。既然你已经合格了，儿子，你没有必要把全部的精力耗费在争名夺利上。考第二名非要争第一名，考九十多分非要争一百分，一次一百分不够，非要次次一百分。儿子啊，儿子啊，求知是人世间最大的欢乐，如果你成天想到的只是考试分数，那么，求知不就变成一种无尽的苦难吗？”

铃木父亲一语道破了求学的最高目的，是培养孩子的求知欲。

儿子陡然觉得身轻如燕，兴奋起来了。但转念一想，不对，忍不住问道：

“爸爸，这样学习就太轻松了，空闲时间做什么？”

“你永远记住爸爸的话，其他时间用来博览群书，把求知的欢乐还给自己。”

老爸的话深深地印在铃木的脑海里，铃木使劲地点了点头。

此后，铃木就按照老爸的教导，在功课上花的时间不多，学习成绩中等。但读过的课外书是全班同学的十几倍。从中体验到学习的愉悦。他在阅读了大量的课外书籍后，感觉到应该还要读天理：读每个生命——这本无字的天书，读大自然——这本无字的百科全书。

现实生活中，许多父母都非常看重孩子的分数，以分数来评价一个孩子的好坏，导致孩子自信心不足从而产生厌学的心理。其实，孩子的分数只能代表孩子某一段时间的学习情况，而不能作为全面评价孩子的标准。父母不应该以分数作为评价学生的唯一标准，应该形成一套更具客观的更合理的和更全面的评价标准。父母应从不同的方面表扬和鼓励孩子，以此增加孩子的信心，而不是单从学习成绩的好坏来评价一个孩子。天长日久，孩子的学习自信心不但增强了，而且其他方面的能力也会得到增强。

“赢得起、输得起才是最大的赢家。父母要有这样的观念：成长比成绩重要，一次考试只是人生长跑的一个阶段，一次没考好还有下次。父母只要告诉孩子，尽力就行了，不要刻意地给孩子定下目标。父母亲要特别注意与孩子的沟通，主动走进孩子们的世界，给孩子一个宽松的环境。

总之，不要老拿“分数”去衡量一个孩子。要知道，每一个孩子都是一粒能成长为大树的“种子”，可他们是否能够真的长成大树，还必须仰仗父母是否提供良好的环境和悉心的培养。

和孩子沟通是非常必要的

有的父母家长制比较严重，持有“父母的话孩子必须服从”等不合理的观念，高高在上，从不平等的跟孩子坐下来好好地谈一谈，孩子不知道父母有什么要求，父母同样也不知道孩子有什么要求和想法，亲子之间缺乏沟通和理解，产生矛盾。

在不少的家庭中，父母与孩子的关系都非常紧张，这样的家庭，就是由于父母的角色意识太强而造成的。为了调整好父母与孩子之间的关系，应该淡化父母的角色意识，不要总觉得你什么都正确，神圣不可侵犯，动不动就是“老子说了算”，“父母之命”，整天严肃得像个阎罗，要求孩子时时事事都必须听你的，不得有丝毫的违犯。倘若父母这样对待孩子的话，如果孩子与父母的关系不紧张对立，那真是一件奇怪的事情了。由于两代人的关系紧张对立，孩子就会形成冷漠、厌恶、孤僻、逆反的消极心理。

曾经看到这样一篇文章：年方16岁的安徽籍少年王磊，由于与父母缺乏沟通，一年多前，在一次激烈的争吵后竟独自离家出走。7月初的一天，他在浒墅关镇附近行路途中不幸遇上了车祸。小王磊当即昏迷不醒，司机见状却溜走了。随后，小王磊被浒墅关镇派出所民警送到了市三院急诊科。

经诊断，小王磊伤情较为严重。在没有亲人又身无分文的情况下，医护人员立即对他进行了及时有效的救治，医院的有关人员及时为他制订了治疗方案，护士长细心地为他擦净脸上的血迹，护士们每天为他做好口腔护理和其他基础护理……经过十多天的精心医治和护理，小王磊终于苏醒了。

众人的关心和疏导使这个孩子渐渐愿意和别人沟通了。一天，他对一位护士长说：“我现在好想家，好想爸爸妈妈，阿姨，你让他们来接我吧！”他主动说出了家里的电话、地址，这个流浪了一年多的孩子终于迷途知返了！望着这个终于懂事的孩子，急诊科的医护人员感到由衷的欣慰。护士长高兴地掏出50元钱叫来出租车将孩子送到了某派出所，让民警协助将孩子送到父母的身边。

还有一个故事：张医生上高三的儿子交了女朋友，一次张医生又要到外地出差，左思右想之下，决定给儿子写封信，并留下了一盒避孕套。没想到，此举却在母子间引发了矛盾。

儿子委屈地说：“当我打开那盒避孕套时，我的脸顿时窘得通红，梅梅（女友）什么话也没说，径直走出了家门。我伤心极了，不明白一向爱我的妈妈怎么会这么做？我已经是一个高三学生，就快成年了，妈妈为什么还把我当成小孩呢？

“我承认我恋爱了，可恋爱就一定要做那样的事情吗？其实，恋人间关系进展到哪一步，每个人都有自己的心理底线。避孕套，并不是每个人都需要的。我和梅梅之间的感情是非常纯真的，妈妈的举动对我和梅梅都是伤害。我相信妈妈并不是出于恶意，可我不赞成她的做法，这让我们太尴尬了。”

母亲说：“并非我多虑，是他们俩的行为实在让人担心。他们一到我家就钻进房间，把房门一关，我根本弄不清他们在干什么。说来不怕别人笑，这时我就像是热锅上的蚂蚁一样坐立不安，在门口转来转去。有一次，我实在忍不住，便猛地把房门推开，眼前的一幕让我大吃一惊，两人竟搂抱在一起！

“我是一名医生，在平时的工作中，不知道见过多少的男孩女孩，由于偷食禁果而酿成的悲剧。现在，我的儿子也谈恋爱了，我不能阻止他们。但作为母亲，我应该让他们懂得性安全，这是对我儿子负责，也是对人家女孩负责。我担心，在我出差的时间里，两个孩子会发生什么事，所以我这样做也是迫不得已。与其出事后懊悔，还不如事先教他们保护措施。所以，我觉得我的做法并没有错。”

其实，这对母子的想法都有一定的道理。母亲是为了预防万一，但儿子又觉得自己已经长大，母亲的举动是对自己和女友爱情的侮辱。

这次矛盾产生的主要原因就是母子之间缺乏沟通。现在很多的父母大多关心孩子的饮食起居，有的则简单认为“孩子小，不懂事”，习惯为他们包办一切。这就会形成所谓的“代沟”，在单亲家庭中表现得更为明显。

倘若张医生让孩子知道使用避孕套是为了防止怀孕及艾滋病，鼓励孩子多参加一些集体活动，学会和异性交往，让儿子觉得自己是和母亲平等对话，儿子对她的举动很容易就理解了。同时，儿子也要理解母亲的用心，毕竟她的初衷是为了孩子不要因为感情的冲动而产生未曾预料到的后果。

前苏联著名教育家马卡连柯曾经说过：“要尽量地要求一个人，也要尽可能地尊重一个人”。因此，作为父母，要尊重孩子的人格和尊严，也要倾听孩子讲的活，与孩子交心谈心。

孩子虽然是父母所生所养的，但并不是父母的私有财产，也不是父母的宠物和玩具。孩子也是人，一个独立的人，他们有自己的理想、兴趣、爱好和追求。他们应该是我们的助手和朋友，更是我们人生旅途中的忠实伙伴。有了这种认识，你才可以淡化父母的角色意识，与孩子建立平等、健康、友善的关系，家庭生活中才会出现互相关心、互相信任、互相帮助的和睦亲情。

父母不要过多地干涉孩子

近来连着高考、中考和各种的期末考试期间，学生们的厌学情绪在这一时段高升，因厌学产生心理问题的中小学生人数呈逐年上升趋势，随之带来的是这部分学生开始逃学、迷网、迷电视、嗜睡。逃学及厌学的原因有很多，有的是因为孩子缺少人生理想目标，父母包办干涉过多；有的是学习压力太大，学生、父母、学校的期望过高；有的是学生与老师的人际关系不好……这些都可能造成孩子厌学现象的出现。

父母在孩子的学习上过分包办干涉，从整理书包、背书包到查作业、督促预复习，陪读的父母辛苦得很，孩子却养成了“是你要我读书，不是我要读书”的依赖心理。父母在对孩子的理想目标培养上一片空白，孩子不知道为什么而学习，将来要做什么，学习没有内驱力，当这种情绪积累到一定程度时，孩子就会开始厌学。

那些被父母干涉太多的孩子总是不如别的孩子聪明。孩子害怕、畏惧的产生，是由于父母的喊叫、肉体惩罚及长期的限制而造成的，这些都能触发大脑中的化学细胞起反作用，破坏神经细胞相互传递信息的作用。孩子在正确的、没有压力和安定的环境中，才能学得更快、记得更牢。不过，这并不意味着让父母任何时候都不要干涉自己的孩子。父母应该有正确的干涉方法，举例说，如果你的孩子把盘子和筷子乱丢在厨房的地上时，不要对孩子大声喊叫："不要这样乱扔乱丢！"而是对他说，"请你把这些东西替我放到碗橱里去好吗？"正确的和错误的干涉方法的区别就是如此简单。

梦茹虽然才11岁，却是一家夏令营的辅导员助手。由于她公正、热情、待人细致周到，这是第三次被聘到夏令营做助手，照顾年幼的夏令营成员。妈妈一向相信梦茹的自理能力和出色的社交能力。对她整个暑假都在夏令营生活很放心。这天妈妈忽然接到梦茹的电话，听的出来，梦茹有些情绪不佳。

"亲爱的，有什么不对吗？"

"妈妈，我们原来的辅导员走了，新来的辅导员莉莎小姐很粗鲁，对我们这些工作人员很厉害。"

"她怎样对你厉害了呢？"

"今天早晨我没有在规定的时间内将我的队员召集到早餐处，她竟当着全队人的面，将我训斥一番，让我在队员面前抬不起头。"

梦茹的声音有些沙哑了，妈妈很为女儿难过，"你是义务去帮助他们的，她没有理由这样对待你，我马上给你们的营长打电话，叫她去同你的辅导员谈谈，好吗？如果不行的话，不如辞了工作回家来，反正假期里应休息一下。"

妈妈心疼女儿不无道理，根据母亲对女儿的了解，她是位很让人信得过的辅导员助手，没能按时召集队员，一定是有什么原因在里面，辅导员不问青红皂白当众训斥梦茹，使她在自己的队员面前失去威信，的确有失考虑。但妈妈在女儿面前这样评论辅导员的行为，会使梦茄更加认为自己是委屈的，而不肯检查自己有无责任，辅导员在她心目中的形象进一步恶化，从而对今后她们的之间的工作关系不利。妈妈毕竟只听到女儿的一面之辞，并不了解全部过程，急于发表意见是不妥的。妈妈提出要亲自找夏令营的负责人谈这件事就更错了。女儿与自己上级的关系如何要由女儿自己来处理，妈妈在这里不应介入其中，剥夺女儿处理问题的权利。

当女儿向妈妈述说自己的遭遇时，妈妈当然不能毫无表示。女儿感到委屈，心情不佳，妈妈应提供安慰与同情："亲爱的，我可以理解，你一定觉得很不好过，但愿同妈妈谈谈可以使你的心情感觉好一些。"再往下妈妈可以做的是帮助女儿分析一下整个事件的始终，让女儿检查一下自己可能有的责任，同时也要对局势的可能变化进行一些讨论："新辅导员可能是粗鲁主观一些，不注意对待工作人员的态度，但学会与各种各样的人交往、相处，也是你参加这项服务的目的之一，如果你能够想出办法与莉莎小姐的关系处得融洽一些，对你今后的工作会有好处，也锻炼了你与人相处的本领，你觉得如何呢？"这样妈妈既给梦茄一些十分切实的指导与帮助，又避免直接站到她的位置上替她处理问题，给梦茄留下了思考和发展的空间。因为毕竟是梦茄的事，应该由梦茄自己解决。

妈妈在与梦茄的谈话中另外一个不应有的错误，就是提议梦茄可以回家来。这样既鼓励梦茄在困难面前逃跑，又削弱了梦茄的责任心。能够被聘为夏令营的辅导员助手是光荣的，说明了女儿的工作能力、品德被人欣赏，担任这项职务意味着要负责任，要带好自己队里的营员。如果仅因为辅导员的关系出现问题，就放弃工作，转回家中，置荣誉与责任于不顾，孩子的责任心与面对困难的勇气毅力又从何而来呢？

社会是现实的，我们应当允许我们的孩子有机会接触生活的各种侧面并学会如何对付它们，而不是将他们与真实隔离开来，用我们的希望来操纵现实。与社会现实相通的最关键的方面就是与各类人事打交道，父母无疑应给予孩子正确指导，帮助他们学会正确处理各种关系的能力，同时取优避劣，但在具体实行上要避免专断独行，或越俎代庖。

一定要尊重孩子的理想

佳佳是一名小学一年级的学生，今年7岁，却已有两年学习钢琴的经历。最近，她由父母领着到医院看病。在医生询问的过程中，母亲讲述了这样一件事：当初送佳佳去学钢琴的时候，一进老师家门孩子就哭，一开始练琴就泪流满面，还可怜巴巴地哀求说："妈妈，我真的不想学。"母亲见到这种情况虽然心软了，父亲却坚持要她学琴，并且把特长与升学联系在一起，认为学成以后孩子就有机会成为特长生，这对上重点中学有加分的好处。另外，钢琴老师还布置了每天必须练习弹奏4首练习曲的家庭作业，一旦孩子琴弹得不好，父亲就用手指戳她的头，还推搡她，并大声加以训斥。

就是在这样的一种环境下，佳佳忍受了两年，身体和心灵上终于负担不了了，经常挤眼睛、努嘴巴、耸肩膀，胳膊腿还控制不住地乱动。她的班主任也向父母反映："佳佳上课挤眉弄眼，还摆肩膀，经常突然尖叫，注意力不集中，学习成绩下降。"

经过医生的诊断，佳佳患的是抽动症，需要长时间的治疗才能康复。

在教育孩子的过程中，我们一直强调要尊重孩子，可还是常常有很多父母忽视不尊重孩子后果的严重性，他们认为孩子是自己生的，自己当然有权决定他的一切，尤其是在念书和升学的问题上，父母更是觉得理所当然，因为所做的都是为了让孩子有一个美好的将来。持这种观点的父母们，在看完上面这个故事之后，是不是会有很大的触动呢？故事中的父母就因为不尊重孩子的真实想法，而是一厢情愿地采取逼迫的手段强行让孩子学习钢琴，最终导致孩子在精神和心灵上不堪重负，进而诱发了疾病。

在当下的家庭中，父母往往喜欢为孩子设计理想，觉得这是一种关心孩子的表现。于是从孩子上小学开始，就一步步把理想规划好了，甚至细致到了孩子将来要上哪所大学的什么专业。为此，父母置孩子个人的爱好和理想于不顾，强迫孩子按照自己设计的轨道发展，如果孩子偶尔在某一步上偏离了自己当初的意愿，就全盘否定孩子的所有努力和成绩，对孩子小则批评训斥，大则动手打骂。

作为父母，望子成龙、望女成凤的心理原本是无可厚非的，但是如果为了孩子有一个美好的将来，从而给孩子施加太重的压力，最终使孩子因不堪重负而走向极端，这就未免与初衷背道而驰了，也不是每一个父母希望的结果。因此，在家庭教育中，父母应该尊重孩子的理想和选择，这也就是现今比较提倡的对孩子的赏识教育。对于孩子业余爱好的培养，父母必须先征求孩子的意见，认可并赞赏孩子的理想，进而在理解的基础上知道孩子的真正需要，支持孩子去实现自己的理想。尤其是当孩子的理想与父母的设计出现分歧时，父母不能武断地强迫孩子按照自己的设计来，而是要平静地与孩子沟通，在尊重孩子理想和选择的基础上，通过商量探讨，让孩子充分理解父母的想法，然后把选择权交给孩子。

在赏识和尊重孩子理想的同时，父母还应该注意一个问题：不要在孩子建立理想的初期就让孩子背负太多的压力，这样对于孩子的积极性有很大的打击，孩子会因此就轻易放弃了自己的理想。正确的做法是鼓励孩子树立理想，并坚定他为理想而努力的决心。

有这样一位父亲，一天在上小学四年级的孩子看电视时，孩子见屏幕上的律师在法庭上威严、气派，一会儿引经据典，一会儿举例证明，说得法官和旁听席上的人们都点头称是，敬佩之心不禁油然而生，便决心自己长大以后也要当律师。

父亲听后对他的理想大加赞扬，说："你的理想很好，我支持。律师这个职业是很有正义感也非常威风的，能够在法庭上滔滔不绝地为人辩护。但是，想要当律师就必须把许多法律条文背得滚瓜烂熟，另外还要掌握很多其他多方面的知识，社会上各种关系也要妥善处理好。你如果希望自己成为一名优秀的律师，那就应该从现在，为将来做一名好律师打下基础！”

听完父亲这一席话，孩子对律师这一职业更加憧憬了。从此以后，对于律师应该学习的课程及行为习惯他都非常重视，并且在与人交往方面也有很大的进步，在班里还当上了生活委员。

每当孩子在接触到一种新鲜事物的时候，会自然而然地萌发出对这种事物的向往，此时，如果父母觉得对孩子的成长是有帮助的话，就应该给以赏识和支持，使其发展成为孩子的理想。这里所说的支持，并不是指父母简单地说句好，更不是马上提出要求，或者用纯理性的、非常严格的终极标准来评定孩子的言行。父母真正的支持应该是在孩子实现理想的过程中予以适当的启发和引导，并为孩子理想的实现准备下必须的条件。比如对于上面那个想当律师的孩子，父母就可以为他购买一些与法律有关的书籍，在平时还应该多培养他的语言表达和人际交往能力。

孩子是我们生命的延续，或许就是这个原因，每一位父母都希望自己的孩子能出类拔萃，可能也是因为这个原因，使得一些父母太过于急躁了，恨不得把自己所有的经验和阅历都传授给孩子，恨不得在孩子成长的道路上自己以身相替。殊不知，相对于这个世界来说，孩子是一个完全独立的个体，他们有自己的空间和理想，有时父母的一些自认为对孩子有益的行为，不但对孩子没有帮助，反而是害处颇多，无心之间做了揠苗助长的事情。当然，**孩子的成长是离不开父母的，可他需要的仅是扶助和指引，就如孩子初学走路时一样，在跌倒的时候扶他起来，在将要撞到障碍物上面时引他走一个新的方向。**

有一种错叫溺爱

现在的家庭大都是一个孩子，我们不能说父母想把自己的孩子培养成那种目无尊长的人。孩子之所以如此，可以说是教育失误的结果。不可否认，父母在培养孩子之初，他们都有把孩子培养好的愿望，可当他们辛辛苦苦地把孩子培养了十几年，却发现自己的孩子仍是这样的不懂世事。有的父母回过头来看自己的教子历程，他们不知道自己错在那里，在教育孩子的道路上，令他们感到困惑的是“期望越大，失望也就越大”，这究竟是什么原因呢？简单地说，父母是错在溺爱。

中国自古就有一种说法叫“慈母败子”。这里的“慈母”，并不是实际意义上的慈母，而是指过分的母爱，也就是溺爱。溺爱是中国人教育子女方法上的一种偏移，因为在溺爱培养下的孩子，他缺失的东西很多，比如独立性、自身的毅力程度等，其中孩子的目无尊长，更是对孩子溺爱所引起的后果之一。可以说，孩子从小直至长大对大人目无尊长，其实质都是溺爱惹的祸。

父母对孩子的溺爱，很多时候都是在不知不觉的过程中形成的，其实他们也知道溺爱对孩子有害，但他们在面对自己家庭里唯一的孩子时，他们无法规避自己对孩子的溺爱。

由于一家可能只有一个孩子，孩子在一出世就会被特殊关照，一家人时刻关照他，陪伴他。亲戚朋友来了往往也是把他围在中心，对孩子是掌声不断。在家里，孩子吃的、用的、玩的东西可能都是最好的，他们在家里所得到的待遇都是比较特殊的，比如爸爸妈妈可以不过生日，孩子过生日得买大蛋糕，送漂亮的礼物……长期这样，孩子就会习惯于高人一等，必然变得自私，没有同情心，不会知道如何去关心他人。

有的父母是孩子要什么就给什么，父母给孩子的零花钱有时比大人的还多，孩子欲望的满足是很容易的，这就养成了孩子不珍惜物品、讲究物质享受、浪费金钱和不体贴他人的坏性格。父母和爷爷奶奶往往不知道，对孩子的要求不能一味地满足，相反，父母和爷爷奶奶因为是孩子，合理的要求能满足，无理的要求也答应。

由于父母的溺爱，孩子十几岁还不会穿衣，十五六岁的孩子还不做任何家务事，不知道劳动的愉快和帮助父母减轻负担的责任。孩子有病痛时父母总会表现出惊慌失措的样子，娇惯的最终结果是孩子不让父母离开一步。为了绝对安全，父母不让孩子走出家门，也不许他和别的小朋友玩。更有甚者，有的孩子成了父母的“小尾巴”，时刻不能离开父母或老人一步；父母对孩子是搂抱着睡，偎依着坐，驮在背上走；含在嘴里怕融化，吐出来怕摔了。这样下去，孩子必然失去善良、能干的品德，孩子会变得胆小无能，丧失自信。孩子是父母的心头肉，父母对孩子悉心培育、满怀期待是无可厚非的，但要把握好“度”，父母越呵护，孩子越不知天高地厚。

由于父母从小迁就孩子，孩子在不顺心时就会以种种理由要挟父母。溺爱的父母就只好依从孩子，这样使得在孩子面前一点威信都没有。有时爸爸管孩子，妈妈护着：“不要太严了，他还小呢。”有的父母管孩子，奶奶会站出来说话：“你们不能要求太急，他大了自然会好；你们小的时候，还远远没有他好呢！”这样的孩子当然是“管不了”，因为他全无是非观念，而且时时有“保护伞”和“避难所”，其后果不仅孩子性格扭曲，有时还会造成家庭不睦。害怕孩子受委屈的父母是心软而又无能的父母，他们的这份迁就使孩子在心中播下了自私、无情、任性和缺乏自制力的种子，孩子在长大后就会变成打骂爸妈的逆子。

“爱”与“溺爱”，一字之差，实际上它们的区别就在于，用理性的方式去爱是真正的爱，而完全用情感的爱去爱就是溺爱。用理性去爱，那么你就应该知道如何去正确地实现你的爱，如果仅仅用情感去爱，那么对孩子的溺爱往往弱化了孩子未来处世和做人的能力，孩子就只能在你的溺爱中迷失方向。孩子目无尊长，其实质是教育者对孩子溺爱，它使孩子胆子大起来，心狠了起来。**一个胆大心狠的孩子，就是对自己的亲情，也会缺少一些尊重。因此，教育子女时就要使父母的心“狠”起来，让孩子在生活中体验到艰辛与困苦，这样孩子才会更懂事。**

正确沟通，孩子的心事不用猜

做父母的仅仅对孩子关心、理解是不够的，要让孩子与父母在情感上没有障碍，父母还要学会与孩子沟通。可以这么说，沟通可以使孩子对父母说出自己的心事，能消除藏在孩子心里的隐患。不然的话，很多负面的因素在孩子心里得不到及时得排解，越积越多，不仅有害于孩子的成长，而且还会成为父母与孩子之间关系解不开的死结。

不论父母是何等的开明，孩子在父母的面前都会有一种防卫的心理。这种防卫心理对于一个开明的父母来说原因是多方面的，比如怕父母伤心、怕父母担心、怕父母失望、怕父母生气等，孩子这样的“怕”多了，渐渐地就会和父母产生隔膜，这样，父母与孩子就会产生矛盾。

有一个孩子在高中时成绩在学校一直名列前茅，而就在要进入高三之前，孩子的成绩居然落下十几位。父母都很着急，特别是孩子的母亲，看到孩子几次考试都没有好的改变，她恨不得动手扇孩子几个耳光。本来孩子与父母总是和睦地相处，但因为孩子成绩的滑落，使得孩子与父母的关系一下子紧张起来了。

孩子的父亲感到，孩子成绩的滑落，肯定会有原因，每当问及成绩下滑的原因，从孩子逃避的眼神中，父亲看出孩子的心里有个不可告人的小秘密。父亲希望自己的孩子能够如实地说出成绩滑落的原因，但是，孩子好像在这件事上对父母有很强的防备心理，从自己的成绩下滑以后，孩子似乎不太愿意和父母有太多的交流，孩子变了很多，这倒是让父亲最着急的地方。

父亲想与儿子谈谈，让孩子自己说出成绩下滑的原因，把孩子的问题彻底弄清楚并解决掉。在一个周末，父子俩坐到了一起。父亲先告诉孩子自己的“秘密”——自己在成长的过程中一些困惑和一些可笑的事，甚至与他妈妈恋爱的过程都说给孩子听。他把自己的“隐私”说给儿子听，目的是要打开儿子的心门，让孩子也说出心事。要听到孩子真实的想法，父母就要在互相平等的基础上和孩子沟通，通过疏导、教育让孩子在心里接纳你。

等儿子饶有兴趣地听完父亲的“隐私”，父子间的距离似乎近了很多，这时父亲对儿子说“每个人都会有自己的烦恼，这不是什么见不得人的事。你有什么烦恼和压力，说出来，爸爸愿意来帮你解决，因为你是我最爱的儿子。”

这时，孩子低下了头。很显然，孩子想把成绩下滑的真正原因说出来，他在等待父亲的反应。看到儿子的这一反应，父亲笑着对他说：“你有什么问题？愿意把具体情况说给我听听吗？你希望爸爸帮你做什么呢？”

于是，儿子给父亲讲起了他的故事。原来儿子在暗恋班里的一个女孩子小利，小利知道后从此就不理睬儿子了——小利不愿和他做“朋友”，儿子为此非常苦恼，常常在上课时精神恍惚，因此成绩一落千丈。

为了进一步了解儿子内心的想法，父亲说：“我理解你现在的心情，我也体验过喜欢一个人而不被理睬的感受，但做朋友是两方共同的愿望，也许小利不愿意与你做你所希望的那种好朋友呢？”

儿子听了父亲的话，急忙说：“我只是想与她做好朋友，不是谈恋爱。”儿子着急的表情告诉父亲，他非常喜欢小利，但又不想在父亲面前承认，只好以当好朋友为借口。父亲没有直接点破，而是说：“也许小利只是想与你保持一种同学关系呢？就像你不能与其他所有同学都做好朋友一样。”

儿子听了父亲的话，没有立即反驳，反而开始沉思起来。父亲知道，儿子觉得自己的话有道理。过了一会儿，父亲说：“感情不能一厢情愿，要把感情分成两部分来处理，一是丢掉，一是珍藏。你觉得自己已经很成熟了吗？你能确定将来的想法与现在还会一样吗？”

儿子默默地摇了摇头。

看来，他已经在默默地接受父亲的思想了。父亲进一步说：“任何感情都是需要经的起推敲的，我觉得高中期的男女同学之间保持过分密切的交往是不合适的，更不宜谈恋爱。”

父亲轻易地就让孩子说出了与小利交往的问题，但在谈话中，父亲从来没说儿子是早恋，而是用“男女同学密切交往”这句话来代替。在交谈中让孩子慢慢地体会事情的对错，当孩子悟出道理的时候，他自己会对父亲说出内心的想法。

过了不久，儿子找到父亲，说自己已经想通了，他还没有真正的成熟起来，现在最主要的任务是搞好学习……

从那以后，孩子扫去了心理上的阴影，不仅仅在父母面前又活泼开朗起来，而且成绩又提高上来了。一家人又其乐融融了。

因此，在生活中，父母要学会和孩子交流，孩子能把自己心里的事主动和父母说出，说明孩子对父母有很大的信任度，这是父母与孩子之间关系融洽最直接的体现。

好孩子绝对不是严管出来的

在生活中，我们不难遇见像这样的例子：

童童原先是一个品学兼优的男孩。在他五年级的时候，因一次撒谎，被妈妈重打了一顿。并且父母从那以后对童童要求就更加严格了。可令父母没有想到的是，孩子撒谎的事却变本加厉了。从五年级到现在的初二，三年来不仅时常撒谎，而且每次撒谎都是镇定自如。一个星期天的中午，童童告诉妈妈下午要去老师家补习功课，但妈妈那天下午却在街上遇见了那位老师。孩子根本没有去老师家。晚上，在父母再三追问下，童童才告诉父[illegible]情，原来他和班上的几个男同学相约到新建成的游乐场玩了。于是童童又挨了一次皮肉之苦……

孩子的同学得知了这件事，就问童童当时为什么撒谎。他对他的同学说：“我周六就答应了你要去的。”童童的同学就不理解了，应该说去游乐场玩玩的要求很合理，于是又追问：“为什么要撒谎呢？”孩子的回答是：“父母对我的要求比较严格，我如果照实向父母说，很可能被父母拒绝，这样我在你们面前就会丧失信誉。”

父母对孩子太严厉，孩子说出实话的后果是拒绝，孩子有时会因为父母的这种拒绝而面临一个难堪的局面，这样孩子当然不会说出真话了。因此，**好的父母会告诉孩子：只要说实话，我们就好好谈，所有的事情都好解决。并且说到做到。这样孩子就没有什么好担心的了，可以大胆地说出真话。**

大多数孩子对父母的要求也不会太出格，所犯的错也不会很大。但是由于父母对孩子的严格，他们对孩子行为的约束就更苛刻，对孩子错误的惩罚就更严厉。这是父母对孩子的一种“过分”教育方式。因此，孩子这时候撒谎的责任，很大部分要父母来负。孩子撒谎是为了避免父母的打骂，或父母拒绝其要求而做出的不得已的选择。父母的严厉管教看起来是让孩子听话了许多，但孩子想得最多的是，下次怎么既能按照自己的想法行事，又可以避免皮肉之苦。孩子并不是反省自己的错误，因为撒谎能保护自己身心不受伤害，尝到甜头的孩子常常会忘记因撒谎被责骂的苦头，他还会铤而走险继续撒谎。孩子撒谎多了，就可能形成了一种习惯，以后不想撒谎都不由自己了，可谓“脱口成谎”。有的父母往往善于戳穿孩子的谎言，却很少分析撒谎背后的原因。比如一个孩子成绩不理想，但父母对他的期望又很大，这时，孩子的压力就会很大。为了讨得父母的放心和欢心，当孩子的成绩达不到父母的要求时，孩子也只有用撒谎的方式来维持自己在父母心中“好孩子”的形象。

另外，很多父母总爱把自己的想法强加于孩子，他让孩子变成一列火车，总是要求孩子“行驶”在已经预设好的轨道上。这些父母对孩子的学习成绩关注得多，对孩子心理成长的特点关注得少，以至于父母会忽视孩子的一些具有孩子特性的要求。当严厉的父母拒绝孩子的一些“不合理”要求时，孩子就认为自己说实话定会遭到不公正的对待，撒谎也就成了孩子“明智”的选择。如果父母能改变自己以往的做法，以民主、平等、尊重的方式对待孩子，走入孩子的内心世界，与孩子坦诚交流，善待孩子的过失，那么孩子说谎的毛病便不治而愈。

因此，在教育孩子问题上，大人要适当地给孩子减压，降低对孩子的要求标准，多给予孩子信任和关怀，多与孩子交流沟通。父母盲目的批评和不冷静的打骂是无能和无知的表现。孩子撒谎是几乎每个父母都会遇到的问题。孩子不诚实，父母都会把它当作一件比较严重的事情，惩罚也相应的重一些。但父母面对孩子的谎言，要父母惩罚的不是孩子，而是父母对自己要有一些自责。因为父母管得太严了，以致孩子不敢说真话。

所以，父母不要责怪孩子不诚实，而是要反省自己：是不是孩子有合理的要求不敢直说？是不是对孩子的一些合理要求没有给予满足？是不是常常粗暴地对待孩子的错误？在父母眼里，那可能是对孩子教育的严厉，其实这时的父母犹如一个封建王国的“暴君”，作为他“子民”的孩子，无法在他的统治下“安居乐业”，这样的“子民”不在“沉默中爆发，就在沉默中撒谎”。